# 电气测试技术

主　编　魏　颖　张文静　郭　鲁
副主编　姜　姗

北京理工大学出版社
BEIJING INSTITUTE OF TECHNOLOGY PRESS

## 内 容 提 要

随着社会进步和科学技术的发展，电气测试技术发生了巨大的变革，电气测量范围从低中压测试向高压和超高压测试方向发展；电气测量模式也从传统测试向智能测试模式发展。与生产模式的变革相适应，电气测试技术包括机械量测量、电气量测量、传感器技术及电气测量抗干扰技术等也发生了很大变化。计算机网络技术以及智能测量等技术的发展，为现代电气测试技术提供了新的支撑条件。本书按照现代传感器技术在日常生活中和工业生产中的典型应用分门别类展开，本书针对每一种传感器提供了实际的应用电路，并做了详尽分析，取材新颖，内容丰富。

### 图书在版编目（CIP）数据

电气测试技术/魏颖，张文静，郭鲁主编. －－北京：
北京理工大学出版社，2021.8
ISBN 978－7－5763－0199－1

Ⅰ.①电…　Ⅱ.①魏…②张…③郭…　Ⅲ.①电气测
量－高等学校－教材　Ⅳ.①TM93

中国版本图书馆 CIP 数据核字（2021）第 167202 号

出版发行／北京理工大学出版社有限责任公司
社　　　址／北京市海淀区中关村南大街 5 号
邮　　　编／100081
电　　　话／（010）68914775（总编室）
　　　　　　（010）82562903（教材售后服务热线）
　　　　　　（010）68944723（其他图书服务热线）
网　　　址／http：//www.bitpress.com.cn
经　　　销／全国各地新华书店
印　　　刷／涿州市新华印刷有限公司
开　　　本／787 毫米×1092 毫米　1/16
印　　　张／12　　　　　　　　　　　　　　　责任编辑／张鑫星
字　　　数／282 千字　　　　　　　　　　　　文案编辑／张鑫星
版　　　次／2021 年 8 月第 1 版　2021 年 8 月第 1 次印刷　　责任校对／周瑞红
定　　　价／72.00 元　　　　　　　　　　　　责任印制／李志强

图书出现印装质量问题，请拨打售后服务热线，本社负责调换

# 前　言

随着社会进步和科学技术的发展，电气测试技术发生了巨大的变革，电气测试范围从低中压测试向高压测试方向发展，电气测试内容从电磁量测试向非电量测试、复合电量测试方向发展，电气测试模式也从传统测试向智能测试方向发展。近年来，电气测试技术发生了很大变化，计算机网络技术以及智能测量等技术的发展为现代电气测试技术提供了新的支撑条件。本教材根据高素质技术应用型人才的培养目标，以必要、够用为度，精选必需的内容，其余内容引导学生根据兴趣和需要有目的、有针对地自学。

本书的编写突出了以下主要特点：

（1）在内容安排上，将传感器技术与日常生活和工业生产紧密结合，便于读者提升学习的兴趣和学习热情。

（2）在总体结构上，采用结构式描述，将同一类被测量放在同一章节中，每一节介绍一种不同传感器的应用，易读、易懂、易学、易记。

针对课程特点，本书的编写思路从工科学生的人才培养目标和学生特点出发，秉承"学以致用"的原则，以"激发学生兴趣"为着眼点。本书在教学使用过程中，并非全部内容都要讲解，可根据专业、课时进行删减，以培养学生实际综合动手能力为核心，采取以工作任务为载体的教学方式，淡化理论，强化应用方法和技能的培养。

本书由沈阳工学院魏颖、张文静、郭鲁担任主编，姜姗担任副主编。全书共9章，魏颖、郭鲁共同编写第1、2、9章，魏颖编写第3、4章，张文静编写第5、6章，姜姗、张文静共同编写第7、8章，全书最后由魏颖统稿。

在本书编写过程中，借鉴了许多专家的教材和著作，并得到了相关同行和企业的支持，在此，向这些文献的作者和同行企业表示诚挚的感谢。由于时间仓促，加之编者水平有限，书中的缺点和错误及不妥之处在所难免，敬请广大师生和读者批评指正。

编　者

# CONTENTS 目录

第1章

概　　论

通过电气测试概述、电气测试系统的组成及电气测试技术的发展等内容的介绍，使读者对电气测试技术有一个总体概括的了解，为今后学习电气测试技术奠定好基础。

# 1.1　电气测试概述

人类对客观世界的认识和改造活动总是以测试工作为基础的。测试是人类认识自然、掌握自然规律的实践途径之一，是科学研究中获得感性材料、接收自然信息的途径，是形成、发展和检验自然科学理论的实践基础。人类早期在从事生产活动时，就已经对长度、面积、时间和质量进行测量，其最初的计量单位或是和自身生理特点相联系（如长度），或是和自然环境相联系（如时间）。我国在 2 000 多年前就建立了统一的度量衡制度，这说明测试工作对发展生产和社会交往的重要性。在测试技术发展史中，伽利略不满意古代思想家对宇宙进行哲理性的定性描述，他主张观测和实验，对自然界的现象和运动规律进行定量描述。他开创了实验科学，从而开创了近代意义的自然实验科学。

现代制造工程已从单机自动化和自动生成线发展到柔性制造系统（FMS），并朝着智能化、无人化工厂方向发展。而且生成中除了加工后的自动测量外，还应包括在线测量、智能等。因此，先进的测试技术已成为今天生成系统中不可缺少的一个重要组成部分。

## 1.1.1　测试的作用

测试技术在科学研究和生产实践中具有极其重要的作用，测试的基本任务和作用如下：

（1）通过测试、发现科学规律，验证科学理论。科学规律和科学理论必须通过实践的检验，检验过程离不开测试技术。

（2）为产品设计和设备改造提供依据。在产品设计中，通过对新旧产品的模型试验或现场实测，为产品质量和性能提供客观的评价，为优化技术参数和提高效率提供基础数据。

## 1.1.2　测试技术研究的内容

测试技术研究的内容主要包括测量原理、测量方法、测量系统和信号处理四个方面。

（1）测量原理（Measurement Principle）是指用作测量基础的理论。例如，用于应力测量的应变产生电阻变化的应变效应；用于振动加速度测量的压电晶体受力产生电荷量的压电效应；用于测量温度的热电效应。不同性质的被测对象可以用不同的原理进行测量，同一性质的被测对象也可用不同的原理进行测量。

（2）测量方法（Measurement Method）是指在测量过程中使用的操作方法。根据测量任务的具体要求和现场实际情况，需要采用不同的测量方法，如替代测量法、微差测量法、零位测量法、直接测量法、间接测量法等。

（3）测量系统（Measuring System）是指用于测量而构建的测量系统，包括测量所需的仪表、仪表、试剂和电源等。为了准确获得被测对象的信息，要求测试系统中每一个环节的输出量与输入量之间必须具有一一对应关系，并且其输出的变化在给定的误差范围内反映其输入的变化，即实现不失真的测试。系统的传输特性确定了输出与输入之间的关系，若通过理论分析或测试确定了其中两者的数学描述，则可以求出第三者的数学描述。所以，工程测试问题都可以归结为输入、输出和系统传输特性三者之间的关系问题。

（4）信号处理（Singal Processing）是指将测量到的数据按照需要对其进行模拟信号/数字信号等转换。通过去干扰、变换、分析、综合等信号处理方法，提取需要的信息，为分析判断和决策提供依据。

电气测试具体内容，可分为电磁量测试和非电磁量测试两大类。电磁量测试是指电学量测试和磁学量测试，电学量测试包括电流、电压、电功率、功率因数、频率等测试；磁学量测试包括磁通、磁导率、磁感应强度等测试。非电磁量测试是指将非电物理量如机械量（速度、位移、力、力矩等），热工量（温度、压力、流量等），化工量（浓度、成分、密度等）等转换成电量进行的测试。非电磁量测试技术的关键是研究如何将非电量转换成电量的技术——传感技术。

# 1.2　电气测试系统的组成

一般测试系统是由三个环节组成：传感器、信号调理器和终端输出器，如图1-1所示。测试对象的信息总是通过一定的物理量及信号表现出来。信号通过不同的系统或环节传输，流入时称为输入（Input），流出时称为输出（Output）。

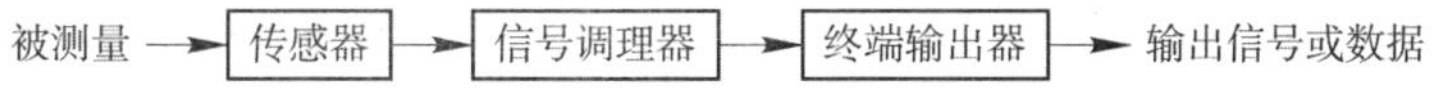

被测量 ——→ 传感器 ——→ 信号调理器 ——→ 终端输出器 ——→ 输出信号或数据

图 1 - 1　测试系统组成原理框图

## 1.2.1　传感器

GB 7665.87—1987 对传感器的定义是："能感受规定的被测量并按照一定的规律转换成可用信号的器件或装置，通常由敏感元件和转换元件组成"。传感器是一种检测装置，能感受到被测量的信息，并能将检测感受到的信息，按一定规律变换成为电信号或其他所需形式的信息输出，以满足信息的传输、处理、存储、显示、记录和控制等要求。它是实现自动检测和自动控制的首要环节。传感器的输出信号多为易于处理的电量，如电压、电流、频率等。传感器的组成框图如图 1 - 2 所示。

非电量 ——→ 敏感元件 ——→ 转换元件 ——→ 转换电路 ——→ 电信号　辅助电源

图 1 - 2　传感器的组成框图

图 1 - 2 中敏感元件是在传感器中直接感受被测量的元件，即被测量通过传感器的敏感元件转换成一个与之有确定关系、更易于转换的非电量。这一非电量通过转换元件被转换成电参量。转换电路的作用是将转换元件输出的电参量转换成易于处理的电压、电流或频率量。应该指出，有些传感器将敏感元件与转换元件合二为一了。

## 1.2.2　信号调理器

信号调理器（Signal Conditioner）把传感器的输出信号转换成适合于进一步传输和处理的形式，对终端设备提供模拟驱动信号，又称为测量系统的中间电路。该环节可以实现一种或多种操作，如选择性滤波、微分、积分或遥测等。信号调理器最基本的功能是放大信号的幅值或功率，以便达到驱动终端输出器所要求的电平。此外，在传感器与信号调理器之间、信号调理器与终端输出器之间，必须保证特性的匹配，如输入、输出阻抗的匹配等。

## 1.2.3　终端输出器

终端输出器（Terminating Read - out）将来自信号调理器的信号以易于观察的形式显示或存储。它的形式一般包括指示器、记录器、处理器和控制器等。指示器如指针式或数字式电压表等。记录器如磁带记录仪、曲线记录仪和存储示波器等。处理器指各种通用或专用计算机系统，用于信号分析并且向显示、记录装置和控制系统提供信息。控制器用于驱动各种受控设备，工业生产过程中常用控制器控制电动机的启动、停止和调速，使生产装置的温度、压力、流量、液位等工艺变量保持一定的数值或按照一定的规律变化。这种形式包括以直流电流信号、电接点通断信号、脉冲信号等电信号输入的执行器，执行器定义为控制系统正向通路中直接改变操纵变量的仪表，由执行机构和调节机构组成。

注意，信号调理器所提供的是模拟信号，这一环节中需要进行模拟量和数字量之间的转换时，应包含 A/D 转换器和 D/A 转换器。如用电桥将电路参量（如电阻、电容、电感）转换为可供传输、处理、显示和记录的电压或电流信号；利用滤波电路抑制噪声，选出有用信号；对在测量装置及后续各环节中出现的一些误差做必要的补偿和校正；信号送入计算机以前需经过 A/D 转换及在计算机处理后送出时需经 A/D 转换等。经过这样的处理使测量装置输出的信号变为符合需要且便于传输、显示或记录以及可做进一步后续处理的信号。显示与记录部分将所测信号变为一种能为人们所理解的形式，以供人们观测和分析。

# 1.3 电气测试技术的发展

随着科学技术的发展，一方面对电气测试提出了更高的要求，另一方面也为电气测试注入了新的技术，如采用微计算机技术，使检测技术智能化；采用微传感技术，使检测可靠性更高，价格更低廉；采用网络技术，使被动检测走向了主动信息处理，实现远距离实时测控等。特别是信号变送、数据采集、数据处理的发展和应用，使得电气测试技术有了很大的发展与提高。

## 1.3.1 DSP 应用技术

DSP（Digital Signal Processing）即为数字信号处理器，是在模拟信号变换成数字信号以后进行高速实时处理的专用处理器。它的工作原理是将现实世界的模拟信号转换成数字信号，再用数学方法处理此信号，得到相应的结果。自从数字信号处理问世以来，由于它具有高速、灵活、可编程、低功耗和便于接口等特点，已在图形、图像处理，语音、语言处理，通用信号处理，测量分析，通信等领域发挥越来越重要的作用。随着成本的降低，控制界对此产生浓厚兴趣，已在不少场合得到成功应用。DSP 采用了数据总线和程序总线分离的哈佛结构及改进的哈佛结构，较传统处理器的冯·诺依曼结构具有更高的指令执行速度。其处理速度比最快的 CPU 快 10 ~ 50 倍。在当今数字化时代背景下，DSP 已成为通信、计算机、消费类电子产品等领域的基础器件，被誉为信息社会革命的"旗手"。

我国的 DSP 技术起步比较早，基本上是与国外同步发展的，可以说我国的 DSP 技术有着非常广阔的发展前景。相信今后高速的 DSP 技术必定是通过以点芯片的系统为核心的，信息处理速度需要达到每秒数十亿次的乘加运算，而只有点芯片的系统才能够达到这样一个运算速度的要求，从而降低成本。也是为了推进我国的 DSP 技术在声频、视频领域当中的应用，首先应该在算法以及结构上对 DSP 进行适当的优化，相信这些对于我国的 DSP 技术的持续稳定发展是非常重要的。

## 1.3.2 高精度 A/D 转换技术

为了实现高精度的电气测试，高精度 A/D 转换器 $\sum - \Delta ADC$ 应运而生。大多数 A/D

转换器只有一个采样率，但 $\sum-\Delta$ADC 有两个：输入采样率（也称为调制采样率或过采样率）和输出数据率。这两个变量之间的比值定义了系统的抽取率（也称为降采样率）。抽取率与转换器的有效精度是紧密相连的。$\sum-\Delta$ADC 结构包括 $\sum-\Delta$ 调制器、数字滤波器和抽取器，其中后面两部分组成一个数字、多抽滤波器。

### 1. 调制器

调制器是指通过数字信号处理技术，将低频数字信号（如音频、视频、数据等）调制到高频数字信号中，进行信号传输的一种设备。调制器广泛应用于广播（音频信号）、电视（视频信号）等信息的传输。调制器一般和解调器成对使用，调制器用于将数字信号处理到高频信号上进行传输，而解调器则将数字信号还原成原始的信号。

调制器利用一个差分放大器得到模拟输入信号与反馈 DAC 输出的模拟信号之间的差值，积分器对差动放大器的输出模拟信号进行积分，并把积分的输出信号送入比较器中，积分结果被转换成"1"或者"0"的数字信号。在系统时钟下，A/D 转换器把 1 bit 的数字信号送到调制器的输出端；与此同时，通过反馈环路，把该数字信号送入 1 bit D/A 转换器的输入端。

### 2. 数字抽取滤波器

在 $\sum-\Delta$ADC 中，接在调制器后面的模块是数字抽取滤波器，它对调制器输出的 1 bit 码流进行滤波和抽取。在调制器的输出端，高频噪声和高速采样率是两个难题。然而，由于此时的信号位于数字域中，因此可以用一个低通滤波器来削弱噪声；同时，用抽取滤波器来降低输出数据吞吐率。

数字抽取滤波器的功能在于提供一个高分辨率的数字信号来描述输入模拟信号，但是数据速率仍然太快而不能利用。尽管看起来得到了大量的高采样速率下的高质量、多比特的采样信号，但是这些数据中大部分是不可用的。因此，数字抽取滤波器的第二个功能就是降低数据吞吐率。通过这种方式，数字抽取滤波器大大抑制了调制器的高频量化噪声。量化噪声被衰减后，感兴趣的信号将重新出现在时域中。而在对调制器输出的数字信号滤波之前，数字化后的低频信号淹没在高频噪声中，在时域上很难分辨出来。

## 1.3.3　传感器自评估技术和多传感器数据融合技术

### 1. 传感器自评估技术

许多控制系统中应用了大量传感器，用来监测系统运行过程中的参数。如果传感器在使用过程中发生了故障，包括硬故障（传感器完全损坏）和软故障（传感器性能变坏），都可能导致整个系统运行瘫痪。因此，当某一个传感器发生故障后，希望能够及时进行检测并且进行隔离。现在人们已经很重视对传感器的故障诊断，并研究了一些方法进行传感器的故障诊断和信号恢复。由于现代控制理论、信号处理、人工智能等学科领域的迅速发展，故障诊断与容错控制已取得了许多新成果和新进展。已经应用的传感器故障检测与识别技术主要有硬件冗余、解析冗余、两者的混合冗余和人工神经网络方法，利用多传感器数据融合获知准确数据，但这些都是系统级的智能检测。

近20年来智能机内测试技术有了迅速发展，对大型系统而言，智能传感器是智能检测的基础，既提高了系统的检测能力，又减轻了中央处理单元的负荷和压力。传感器与计算机结合形成的智能传感器，不仅具有信号检测、转换和通信功能，同时还具有记忆、存储、解析、统计处理及自诊断、自校准、自适应等功能，传感器不再只是信号变换器。

牛津大学的 Henry 和 Ciarke 提出了自评估传感器的概念模型，通过自诊断和在线测量方法提高其可靠性，即使在传感器出现故障时也能维持满意的性能。他们指出，传感器应该利用各种可用的信息，通过分析原始数据、测量值和辅助信号等，对自身的状态和性能做出一个内部的评估，给出有效测量数据，即当前测量值的最佳评估和有效度指数。有效度指数由不确定度和测量值状态两部分组成。不确定度反映了测量值的精确度，测量值状态反映测量值是否是"活"的数据和故障的持续时间。所以，传感器自评估就是传感器不仅输出被测量的数值，而且给出测量结果的不确定度和传感器本身的工作状态，即测量结果的质量评价。

具有自评估功能的传感器框图如图 1-3 所示。它的输出有被评估的测量值（Validated Measurement Value，VMV）、被评估的不确定度（Validated Uncertainty，VU）、测量值状态（Measurement Value Status，MVS）和设备状态。被评估的测量值是真正测量值的最佳估计，考虑到了所有的诊断信息。若故障发生，VMV 被校正到传感器的最佳性能。当原始数据不能用或者完全停止时，用过去的测量值推算出 VMV。被评估的不确定度是与 VMV 有关的不确定度，它给出对于测量真值的置信区间。VU 考虑到所有可能的误差源，包含噪声、测量方法和故障校正的策略。测量值状态是一个离散值形式的标志，表明 VMV 被计算的情况。

例如，VMV 被正常计算，VMV 仍然来自活的数据，但是是对故障的校正，VMV 是基于过去数据的预测。

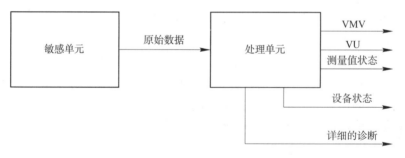

图 1-3　具有自评估功能的传感器框图

## 2. 多传感器数据融合技术

人类本能地具有将身体上的各种器官（眼、耳、鼻和四肢等）所探测的信息（景物、声音、气味和触觉等）与先验知识进行综合的能力，以便对其周围的环境和正在发生的事件做出评估。多传感器信息融合实际上是对人脑综合处理复杂问题的一种功能模拟。与单传感器相比，运用多传感器信息融合技术在解决探测、跟踪和目标识别等方面，能够增强系统生存能力，提高整个系统的可靠性和健壮性，增强数据的可信度，提高精度，扩展系统的时间、空间覆盖率，增加系统的实时性和信息利用率等。作为多传感器融合的研究热点之一，融合方法一直受到人们的重视，这方面国外已经做了大量的研究，并且提出了许多融合方法。目前，多传感器数据融合的常用方法大致可分为两大类：随机和人工智能方法。信息融合的不同层次对应不同的算法，包括加权平均融合、卡尔曼滤波法、Bayes 估计、统计决策理论、概率论方法、模糊逻辑推理、人工神经网络、D－S 证据理论等。

图 1－4 所示为数据融合的全过程。由于被测对象多半为具有不同特征的非电量，如温度、压力、声音、色彩和灰度等，所以首先要它们转换为电信号，然后经过 A/D 转换将它们转换为能由计算机处理的数字量。数字化后电信号需经过预处理，以滤除数据采集过程中的干扰和噪声。对经过处理后的有用信号做特征抽取，再进行数据融合；或者直接对信号进行数据融合。最后，输出融合的结果。

图 1－4　数据融合的全过程

## 1.3.4　动态误差修正技术

在测量过程中不可避免地存在误差。为了消除和减少测量误差，必须研究误差的特点和修正方法。可以从不同的角度对误差进行分类。从时间角度，把误差分为静态误差和动态误差。动态误差是动态测试中首先要考虑的问题。动态误差按一般定义为：动态测试结果减去被测量的真值，该真值常用约定真值。动态误差可分为一般定义下的系统误差、随机误差和粗大误差（即反常误差）三种类型，其中，系统误差主要是由具有确定性变化规律的那些误差因素造成的，它表现为时间的确定函数（包括常量）；随机误差是由多种偶然性的误差因素造成，它表现为时间的随机函数；粗大误差是由偶然的、个别的反常因素造成的，它有时表现为个别粗大值，有时表现为在某一小区间内出现一片特大值，有时也会周期性和不定期地重复出现这种值。通常三者均混杂在动态测试数据中，需通过数据处理将它们分开。

### 1. 动态误差中粗大误差的剔除

粗大误差的剔除一般使用两种准则，一是拉依达准则，又称 $3\sigma$ 准则，该准则的特点是简单实用，但当测量次数 $N \leqslant 10$ 时，该准则失效，不能判别任何粗大值；二是格罗布斯准则，该准则是由数理统计方法推导出的比较严谨的结论，具有明确的概率意义，被认为是比较好的准则。

1）拉依达准则

设测量数据中，测量值 $x_k$ 的随机误差为 $\delta_k$，当 $|\delta_k| \geqslant 3\delta(x)$ 时，测量值 $x_k$ 是含有粗大误差的异常值，应予以剔除。在正态分布的等精度的重复测量中，随机误差 $\delta$ 大于 3 倍标准差的置信概率仅为 0.002 7，属于小概率事件。如果在测量次数不是很大（$10 < N < 300$）的情况下，测量误差大于 3 倍标准差，则可认为该误差属于粗大误差。

2）格罗布斯准则

首先算出包括可疑值在内的这组数据的平均值及其标准残差：

$$\delta = \sqrt{\frac{\sum (x_i - \bar{x})^2}{N - 1}} \tag{1-1}$$

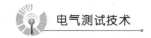

式中，$\delta$——标准残差；

　　$x_i$——第 $i$ 个测量数据；

　　$\bar{x}$——数据平均值；

　　$N$——测量次数。

算出可疑值残差 $v$ 与 $\delta$ 的比值 $\dfrac{v}{\delta}$，根据格罗布斯准则，可以得到 $N$ 次测量下的置信概率的界限系数 $\lambda_N(\alpha)$，如果 $\dfrac{v}{\delta} > \lambda_N(\alpha)$，则此可疑值应剔除。

### 2. 动态误差中随机误差的数字滤波法

随机误差为随时间改变的干扰信号所引起的动态误差，又称第二类误差。动态误差中随机误差不能像粗大误差那样可以通过限定范围的方法剔除。夹杂在测量值中的随机误差是很难发现和剔除的。虽然可以在测量结束时，用测量所得的数据进行误差分析，但是这样做，显然对实时测出的数据是无意义的。随着计算机技术、特别是单片机的飞速发展，本节介绍一种常用且简单的方法来滤除动态误差中的随机误差。

递推平均滤波法：由于计算机运算速度的迅速加快，以及存储器容量的不断增大，完全可以达到实时测量所需要的速度。所以我们可以在存储器中，开辟一个区域作为暂存队列使用，队列的长度固定为 $N$，每进行一次新的测量，把测量结果放入队尾，而扔掉原来队首的那个数据，这样在队列中始终有个"最新"的数据，这就是递推平均滤波法。

$N$ 项递推平均滤波法为

$$y(k) = \frac{x(k) + x(k-1) + x(k-2) + \cdots + x(k-N-1)}{N} = \frac{1}{N}\sum_{l=0}^{n-1} x(k-i) \qquad (1-2)$$

式中，$y(k)$——第 $k$ 次滤波后的输出值；

　　$x(k-i)$——依次向前递推 $i$ 次的采样值；

　　$N$——递推平均项数。

递推平均项数的选取是比较重要的环节，$N$ 选得过大，平均效果好，但是，对被测参数的变化反应不灵敏；$N$ 选得过小，则对随机误差的滤波效果不显著。所以，要根据系统的要求对 $N$ 做适当的选择。

### 3. 动态误差中系统误差的数字修正法

系统误差主要由具有确定性变化规律的那些误差因素造成，如检测系统中各环节存在惯性、阻尼及非线性等原因和动态测试时造成的误差，它表现为时间的确定函数，又称为第一类动态误差。

频域修正法：线性传感器的频域响应函数为

$$H(jw) = \frac{Y(jw)}{X(jw)} \qquad (1-3)$$

式中，$X(jw)$——输入信号 $x(t)$ 的傅里叶变换；

　　$Y(jw)$——输出信号 $y(t)$ 的傅里叶变换。

若被测传感器为一个压力传感器，将其做动态标定实验。将被标定的压力传感器和一个参考压力传感器相比较，而参考压力传感器应具有理想的动态特性。因为压电式压力传感器具有相当高的稳定性、精度和固有频率，故被作为参考压力传感器。从低频到高频不断改变正弦压力信号的频率，测得一系列不同频率下的被测传感器和参考传感器的幅值比和相位差，从而得到了被测压力传感器的幅、相频特性，得到传感器的频率响应函数 $H(jw)$。再对实际测得的信号 $y(t)$ 进行傅里叶变换得 $Y(jw)$。由傅里叶反变换得

$$x(t) = \frac{1}{2\pi} \int_{-\infty}^{+\infty} \frac{Y(jw)}{H(jw)} e^{jwt} dw \qquad (1-4)$$

从中计算出 $x(t)$，即经过动态误差修正的信号，此信号应比 $y(t)$ 更接近于真实的输入信号。此法只有在 $H(jw) \neq 0$ 的那些范围内才有效。

动态数据处理时，测量值中可能同时含有系统、随机和粗大误差，为了得到合理的测量结果，可按下述步骤处理：

（1）选择适当方法对系统误差补偿和修正，以消除动态误差中的系统误差。

（2）可利用加权移动平均滤波法求平均值，此过程可以去除动态误差中的随机误差。

（3）找出剩余误差；利用格罗布斯准则求标准残差，之后判断粗大误差，剔除粗值。

## ● 习　题

**简答题**

1. 简述电气测试技术包括的主要内容。

2. 简述电气测试的发展方向及内容。

3. 电气测试系统由哪几部分组成？各部分作用是什么？

4. 电气测试中的动态误差修正技术是如何实现的？

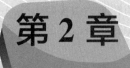

# 第2章

# 电气测试基础知识

**本章重点**

通过对电磁量测试基础、非电量测试基础、测试误差分析等内容的介绍，使读者对电气测试基础知识有一个认识和了解，为后续内容的学习奠定基础。

# 2.1 电磁量测试基础

电磁量测试是依据电学和磁学测量原理，采用相关电磁测量工具和仪表，对电气设施、电器产品等进行测试的学科。它主要涉及测试标准、测量方法、测量结果的表示、电学量和电学基准等内容。

## 2.1.1 测试标准

电气测试所依据的标准是根据不同的测试对象而定的，涉及面很广，主要涉及国际与国内的标准化两个方面。国际标准化组织（International Organization for Standardization，ISO）是一个全球性的非政府组织，成立于 1946 年。中国是 ISO 的正式成员，代表中国参加 ISO 的国家机构是国家市场监督管理总局。

ISO 现有 117 个成员。ISO 的宗旨是"在世界上促进标准化及其相关活动的发展，以便于商品和服务的国际交换，在智力、科学、技术和经济领域开展合作。"ISO 与国际电工委员会（IEC）有密切的联系，中国参加 IEC 的国家机构也是国家市场监督管理总局。ISO 和 IEC 作为一个整体担负着制定全球协商一致的国际标准的任务。

IECEE 是在 IEC 授权下开展工作的国际认证组织，它的全称是"国际电工委员会电工产品合格测试与认证组织"。IECEE 推行国际认证的最终目标是一种电气产品, 同一个 IEC 标准, 任意地点的一次测试以及一次合格评定的结果, 为全球所接受。IECEE – CB 体系的中文含义是"关于电工产品测试证书的相互认可体系"。该体系是以参加 CB 体系的各成员之间相互认可的测试结果来获得国家级认证或批准, 从而达到促进国际贸易目的的体系。CB 体系适用于 IECEE 所采用的 IEC 标准范围内的电工产品。

我国于 1978 年加入 ISO, 在 2008 年 10 月的第 31 届国际化标准组织大会上正式成为 ISO 的常任理事国。现行的我国电气类产品标准基本上采用了国际标准, 与国际接轨。

## 2.1.2 测量方法

### 1. 测量基本概念

测量是以确定量值为目的的一系列操作。所以测量也就是将被测量与同种性质的标准量进行比较, 确定被测量对标准量的倍数。由测量所获得的被测的量值叫测量结果。测量结果可用一定的数值表示, 也可以用一条曲线或某种图形表示。但无论其表现形式如何, 测量结果应包括三部分, 即大小、符号 (正或负) 和单位。

在工程上, 所要测量的参数大多数为非电量, 这促使人们用电测的方法来研究非电量, 即研究用电测的方法测量非电量的仪表仪表, 研究如何能正确和快速地测得非电量的技术。

### 2. 测量方法的分类

实现被测量与标准量比较得出比值的方法, 称为测量方法。对于测量方法, 从不同角度有不同的分类方法。

根据获得测量值的方法可分为直接测量、间接测量和组合测量;

根据测量的精度因素情况可分为等精度测量与非等精度测量;

根据测量方式可分为偏差式测量、零位法测量与微差法测量。

1) 直接测量、间接测量与组合测量

直接测量: 在使用仪表或传感器进行测量时, 对仪表读数不需要经过任何运算就能直接表示测量所需要的结果的测量方法称为直接测量。直接测量的优点是测量过程简单而又迅速, 但是测量精度不够高。例如, 用磁电式电流表测量电路的某一支路电流、用弹簧管压力表测量压力等, 都属于直接测量。

间接测量: 在使用仪表或传感器进行测量时, 首先对与测量有确定函数关系的几个量进行测量, 将被测量代入函数关系式, 经过计算得到所需要的结果, 这种测量称为间接测量。例如, 通过影子测量旗杆的高度; 通过测量电流 $I$ 和电阻 $R$ 来测量电压值。间接测量测量手续较多, 花费时间较长, 一般用在直接测量不方便或者缺乏直接测量手段的场合。

组合测量: 若被测量必须经过求解联立方程组才能得到最后结果, 则称这样的测量为组合测量。例如, 通过测量串联后电阻和 $R_1 + R_2$、并联后电阻和 $R_1 * R_2 / (R_1 + R_2)$ 来计算得到 $R_1$、$R_2$。组合测量是一种特殊的精密测量方法, 操作手续复杂, 花费时间长, 多用于科学实验或特殊场合。

2）等精度测量与不等精度测量

用相同仪表与测量方法对同一被测量进行多次重复测量，称为等精度测量。

用不同精度的仪表或不同的测量方法，或在环境条件相差很大时对同一被测量进行多次重复测量，称为非等精度测量。

3）偏差式测量、零位式测量与微差式测量

用仪表指针的位移（即偏差）决定被测量的量值，这种测量方法称为偏差式测量。应用这种方法测量时，仪表刻度事先用标准器具标定。在测量时，输入被测量，按照仪表指针在标尺上的示值，决定被测量的数值。这种方法测量过程比较简单、迅速，但测量结果精度较低。

用指零仪表的零位指示检测测量系统的平衡状态，在测量系统平衡时，用已知的标准量决定被测量的量值，这种测量方法称为零位式测量。在测量时，已知标准量直接与被测量相比较，已知量应连续可调，指零仪表指零时，被测量与已知标准量相等，例如天平、电位差计等。零位式测量的优点是可以获得比较高的测量精度，但测量过程比较复杂，用时较长，不适用于测量迅速变化的信号。

微差式测量则是综合了偏差式测量与零位式测量的优点而提出的一种测量方法。它将被测量与已知的标准量相比较，取得差值后，再用偏差法测得此差值。应用这种方法测量时，不需要调整标准量，而只需测量两者的差值。微差式测量的优点是反应快，而且测量精度高，特别适用于在线控制参数的测量。

## 2.1.3　测量结果的表示

电磁量测量的结果由两部分组成，即数值和测量单位。例如，对某一电流进行测量，所得的测量结果为多少安。

独立定义的单位称为基本单位。例如，电磁学中安培的定义为：在真空中，当截面可以忽略的两根相距 1 m 的无限长平行圆直导线内通以等量恒定电流时，若导线间相互作用力在每米长度为 $2 \times 10^{-7}$ N 时的导线中电流为 1 A。由于物理量间有各种物理关系相联系，所以一旦几个物理量单位确定后，其他物理量单位就可以根据物理关系式推导出来。这些由基本单位和一定物理关系推导出来的单位称为导出单位。例如，物体运动的速度单位"米/秒"就是根据长度单位"米"和时间单位"秒"以及物理关系"速度 = 距离/时间"推导出来的。基本单位和导出单位的总和称为单位制。

人们为了在生活、生产及交流上的便利，制定了国际上公认的、统一的单位制。1960年国际计量大会上正式通过了适合一切领域的单位制，用国际单位制代号 SI 表示，如表 2 - 1 所示。

表 2 - 1　SI 基本单位

| 物理量 | 单位名称 | 单位符号 | 定义 |
| --- | --- | --- | --- |
| 长度 | 米 | m | 光在真空中于 1/299 792 458 s 时间间隔内所经路径的长度 |
| 质量 | 千克 | kg | 国际千克原器的质量 |

| 物理量 | 单位名称 | 单位符号 | 定义 |
|---|---|---|---|
| 时间 | 秒 | s | 铯－133 原子基态的两个超精细能级之间跃迁所对应的辐射的 9 192 631 770 个周期所持续时间 |
| 电流 | 安培 | A | 在真空中，截面可以忽略的两根相距 1 m 的无限长平行圆直导线内通以等量恒定电流时，若导线间相互作用力在每米长度上为 $2 \times 10^{-7}$ N 时的导线中电流 |
| 热力学温度 | 开尔文 | K | 水的三相点热力学温度的 1/273.16 |
| 物质的量 | 摩尔 | mol | 是一系统的物质的量，该系统中所包含的基本单元数与 0.012 kg 的原子数目相等 |
| 发光强度 | 坎德拉 | cd | 一光源在给定方向上的发光强度，该光源发出频率为 $540 \times 10^{2}$ Hz 的单色辐射，且在此方向上的辐射强度为（1/683）W/sr |

根据以上七个基本单位和两个辅助单位（弧度和球面度），通过一定的物理关系式，可以导出自然界所有物理量单位。

电磁学中涉及的物理量的基本单位只有四个，为米、千克、秒、安［培］。通过四个基本单位和电磁学定理，可以导出所有电磁学物理量单位。表 2 – 2 所示为电磁学基本单位的部分 SI 导出单位。

**表 2 – 2　电磁学基本单位的部分 SI 导出单位**

| 物理量 | 定义方程 | 单位名称 | 单位代号 中文 | 单位代号 国际 | 物理量 | 定义方程 | 单位名称 | 单位代号 中文 | 单位代号 国际 |
|---|---|---|---|---|---|---|---|---|---|
| 电量 | $q = It$ | 库仑 | 库 | C | 电导 | $g = \dfrac{1}{R}$ | 西门子 | 西 | S |
| 电势 | $U = \dfrac{W}{q}$ | 伏特 | 伏 | V | 电场强度 | $E = \dfrac{U}{d}$ | 伏特每米 | 伏/米 | V/m |
| 电容 | $C = \dfrac{U}{q}$ | 法拉 | 法 | F | 磁通 | $\Delta \vartheta_{m} = E \Delta t$ | 韦伯 | 韦 | Wb |
| 电阻 | $R = \dfrac{U}{I}$ | 欧姆 | 欧 | $\Omega$ | 磁感应强度 | $B = \dfrac{\vartheta_{m}}{S}$ | 特斯拉 | 特 | T |
| 电阻率 | $\rho = \dfrac{S}{l} R$ | 欧姆＊米 | 欧＊米 | $\Omega \cdot m$ | 磁场强度 | $H = \dfrac{1}{2\pi r}$ | 安培每米 | 安/米 | A/m |

## 2.1.4　电学量和电学基准

测量单位是理论定义，人们必须通过实验方法把其复现出来并逐级传递到被测对象上去才能实现测量。量具就是测量单位的整数倍或分数倍的复制体，是测量中用于比较的工具。

根据工作任务的不同，量具分为基准器、标准量具和工作量具。

### 1. 电学基准

通常把最精密地复现或保存单位的物理现象或实物称为基准。如果基准是通过物理现象建立的，称为自然基准；如果基准是建立在实物上的，称为实物基准。过去的电学基准是标准电池组；复现电动势或电压的单位"伏特"，标准电阻组复现电阻的单位"欧姆"，两者是实物基准。1990 年 1 月 1 日国际上正式启用电学计量新基准。约瑟夫森效应和冯·克里青效应（也称量子化霍尔效应）复现"伏特"和"欧姆"单位，实现了从实物基准向自然基准的过渡。自然基准是通过测量原子常数建立起来的，具有长期的稳定性，对计量单位的统一具有重要意义。保存基准值的实物体或装置称为"基准器"。

#### 1）约瑟夫森效应

两块弱连接的超导体在微波频率照射下，就会出现阶梯式伏安特性，如图 2-1 所示。

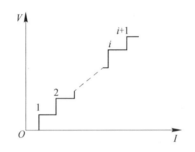

图 2-1　约瑟夫森结构的伏安特性曲线

这种超导体的结构称为约瑟夫森结构。在第 $n$ 个阶梯处的电压与微波频率的关系为

$$V_n = \frac{nh}{2e}f \tag{2-1}$$

式中，$V_n$——第 $n$ 个阶梯处的电压；

$n$——阶梯序数；

$h$——普朗克常数；

$e$——电子电荷；

$f$——微波频率。

式（2-1）是复现和保存电压单位"伏特"的理论基础。通过精心测量微波频率，就可确定 $V_n$ 的数值。

#### 2）冯·克里青效应（量子化霍尔效应）

量子化霍尔效应是二维电子气体的特性。对于高迁移率的半导体元件，符合一定的尺寸要求，当外加磁感应强度为 10 T 左右，且元件被冷却到几 K 时，便可产生二维电子气。在这种情况下，二维电子气被完全量化。当通过元件的电流 $I$ 固定时，在霍尔电压-磁感应强度曲线上会出现磁感应强度变化而霍尔电压不变的区域，这些霍尔电压不变的区域称为霍尔平台。定义第 $i$ 个平台的霍尔电压 $U_H(i)$ 与霍尔元件流过电流 $I$ 的比值为第 $i$ 个平台的霍尔电阻 $R_H(i)$，即

$$R_H(i) = \frac{U_H(i)}{I} \tag{2-2}$$

在电流流动方向损耗为零的极限条件下，量子化霍尔电阻与平台序数 $i$ 的关系为

$$R(i) = \frac{R_\text{H}}{i} \qquad (2-3)$$

式中，$R_\text{H}$——冯·克里青常数。

理论上断言

$$R_\text{H} = \frac{h}{e^2} \qquad (2-4)$$

式中，$h$——普朗克常数；

$e$——电子电荷；

$R_\text{H}$——物理常数。

一旦确定 $i$，冯·克里青效应就可用于复现、保存电阻单位"欧姆"。

## 2. 标准电池

标准电池是复现电压或电动势单位"伏特"的量具。它是性能极其稳定的化学电池，电动势在 1.018 6 V 左右。按电解液的浓度划分为饱和式标准电池和不饱和式标准电池。在整个使用温度范围内，电解液始终处于饱和状态的称为饱和式标准电池，而电解液始终处于不饱和状态的称为不饱和式标准电池。图 2-2 所示为饱和式标准电池的原理结构。

饱和式标准电池的电动势受温度影响，其关系式为

$$\begin{aligned} E_t = E_{20} &- 39.9 \times 10^{-6}(t-20) - 0.94 \times 10^{-6}(t-20)^2 + \\ &0.009 \times 10^{-6}(t-20)^3 \end{aligned} \qquad (2-5)$$

式中，$E_t$——标准电池在温度为 $t$ 时的电动势值；

$E_{20}$——标准电池在20℃时的电动势值；

$t$——标准电池所处的温度值。

饱和式标准电池的优点是电动势稳定性好，其缺点是内阻大和温度系数大。不饱和式标准电池的优点是内阻小和温度系数小，其缺点是电动势稳定性差。

标准电池按稳定性分为若干等级。饱和式标准电池分为 0.000 2、0.000 5、0.001、0.002、0.005、0.01 级，不饱和式标准电池分为 0.002、0.005、0.01 级。

标准电池在使用时应注意下列事项：

（1）根据标准电池的等级，在规定要求的温度下存放和使用。

（2）标准电池不能过载，严禁用电压表或万用表去测量标准电池的电动势。

（3）标准电池严禁摇晃和振动，严禁倒置。经运输后要放置足够时间后再使用。

（4）检定证书和历年的检定数据是衡量一只标准电池好坏的依据，应注意保存。

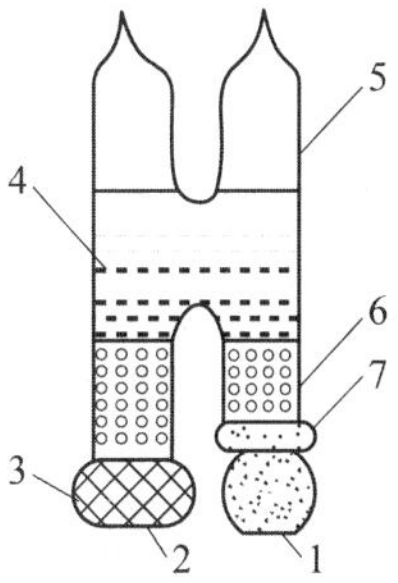

图 2-2 饱和式标准
电池的原理结构

1—汞（＋）；2—镉
汞合金（－）；3—铂
引线；4—硫酸镉饱
和溶液

## 3. 标准电阻

标准电阻是复现和保存电阻单位"欧姆"的实体。通常标准电阻是由锰铜丝绕制而成的，如图 2-3 所示。由于锰铜丝电阻系数高，电阻温度系数小，又采用了适当工艺处理和绕制方法，所以其阻值稳定，结构简单，热电效应、残余电感、寄生电容小，能够准确复现欧姆量值。

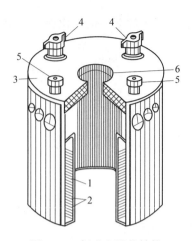

图 2 – 3　标准电阻的结构

1—骨架；2—锰铜丝；3—绝缘盖；4—电流端钮；5—电位端钮；6—温度计插孔

阻值低于 10 Ω 的电阻通常是四端钮结构，即分别是电流端钮和电位端钮，其接线如图 2 –4所示，其阻值为

$$R = \frac{U}{I} \qquad (2-6)$$

电阻上的电流不流过电位端钮，减小了端钮接触电阻对标准电阻阻值的影响。

当标准电阻的阻值高于$10^6$ Ω 时，漏电的影响相对增加，所以，高电阻标准电阻有时制成三端钮形式。其中，一个端钮是屏蔽端钮，如图 2 –5 所示。使用时给屏蔽端一定的电位，可减小漏电的影响。

图 2 – 4　四端钮电阻　　　　　　　　　　　　图 2 – 5　三端钮电阻

标准电阻的阻值随温度变化而变化。一般电阻器铭牌上给出的是 +20℃ 时电阻器电阻值的名义值。电阻器与温度的关系为

$$R_t = R_{20}\left[ 1 + \alpha(t-20) + \beta(t-20)^2 \right] \qquad (2-7)$$

式中，$R_t$——温度 $t$ 时的电阻值；

$R_{20}$——温度在 20℃ 时的电阻值；

$t$ ——温度值；

$\alpha$——标准电阻的一次温度系数；

$\beta$——标准电阻的二次温度系数。

标准电阻有直流标准电阻和交流标准电阻两种，分别用在直流电路和交流电路中。

### 4. 可变电阻箱

测量时有时需要阻值可以调节的电阻。可变电阻箱就是由若干已知数值的电阻元件按一定形式连接在一起组成的可变电阻量具。下面介绍目前应用和生产的两种主要电阻箱。

1）接线式电阻箱

接线式电阻箱的各已知电阻分别焊在各端钮之间，改变接线方式就改变了电阻箱的电阻值。图 2 - 6 所示为接线式电阻箱的电路结构，其特点是没有零电阻（电阻箱示值为零时的电阻值）和电刷的接触电阻，示值稳定，结构简单；但变换阻值范围过窄，改变接线也较麻烦。

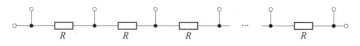

图 2 - 6  接线式电阻箱的电路结构

2）开关式电阻箱

图 2 - 7 所示为开关式电阻箱的电路结构，这是 3 级十进位电阻箱，只要转换开关的位置，就可以得到需要的 3 位十进制电阻值。

开关式电阻箱的优点是阻值变化范围宽，操作方便。但是，它的接触电阻大，而且不稳定。当电刷均放在零位时，由于接触电阻和导线电阻的影响使电阻箱的电阻不为零，即开关式电阻箱存在零电阻。

电阻箱也有交流电阻箱与直流电阻箱之分，在使用中要注意。

直流电阻箱的准确度等级分为 0.002、0.005、0.01、0.02、0.05、0.1、0.2、0.5、1、2、5 这 11 个级别。

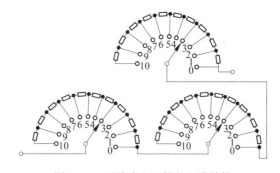

图 2 - 7  开关式电阻箱的电路结构

电阻箱在额定电流或额定电压范围内的允许误差（基本误差）为

$$|\Delta| \leq (\alpha\% R + b) \tag{2-8}$$

式中，$\Delta$——允许误差值，$\Omega$；

$\alpha$——准确度等级对应的允许偏离；

$R$——电阻箱的接入电阻值；

$b$——常数。

式（2 - 8）中含有两个误差项：第一项与接入电阻值有关，主要是各电阻元件的误差；第二项是常数，主要是连接导线和电刷的接触电阻。

# 2.2 非电量测试基础

在实际生产过程中，经常涉及机械量（位移、速度、加速度、力、力矩、应变、应力、振动等），热工量（温度、压力、流量、物位等），化工量（浓度、成分、密度、黏度、pH值等）等非电物理量的测量。非电量电测技术中的关键是如何将非电量转换成电量的技术——传感技术。可以毫不夸张地说，从飞往茫茫太空的宇宙飞船到游于浩瀚海洋的各种舰艇船只，从各种复杂的工程系统到人们生活中的衣食住行，几乎都离不开各种各样的传感器。传感技术对国民经济各个领域的发展起着不可估量的巨大作用。本节主要介绍有关传感器的概念、基本特性及传感器的应用实例等。

## 2.2.1 传感器的定义、分类、数学模型

### 1. 传感器的定义

GB 7665.87—1987 对传感器的定义：能感受规定的被测量并按照一定的规律转换成可用信号的器件或装置，通常由敏感元件和转换元件组成。传感器是一种检测装置，能感受到被测量的信息，并能将检测感受到的信息，按一定规律变换成为电信号或其他所需形式的信息输出，以满足信息的传输、处理、存储、显示、记录和控制等要求。它是实现自动检测和自动控制的首要环节。传感器的输出信号多为易于处理的电量，如电压、电流、频率等。传感器的组成框图如图 2-8 所示。

图 2-8　传感器的组成框图

图 2-8 中敏感元件是在传感器中直接感受被测量的元件。即被测量通过传感器的敏感元件转换成一个与之有确定关系、更易于转换的非电量。这一非电量通过转换元件被转换成电参量。转换电路的作用是将转换元件输出的电参量转换成易于处理的电压、电流或频率量。应该指出，有些传感器将敏感元件与转换元件合二为一了。

### 2. 传感器分类

根据某种原理设计的传感器可以同时检测多种物理量，而有时一种物理量又可以用几种传感器测量，传感器有很多种分类方法。但目前对传感器尚无一个统一的分类方法，比较常用的有以下三种：

（1）按传感器的物理量分类，可分为位移、力、速度、温度、湿度、流量等传感器。

（2）按传感器工作原理分类，可分为电阻、电容、电感、电压、霍尔、光电、光栅、

热电偶等传感器。

（3）按传感器输出信号的性质分类，可分为输出为开关量（"1"和"0"或"开"和"关"）的开关型传感器；输出为模拟量的模拟型传感器；输出为脉冲或代码的数字型传感器。

### 3. 传感器数学模型

传感器检测被测量，应该按照规律输出有用信号，因此，需要研究其输出、输入之间的关系及特性，理论上用数学模型来表示输出、输入之间的关系和特性。

传感器可以检测静态量和动态量，输入信号不同，传感器表现出来的关系和特性也不尽相同。在这里，将传感器的数学模型分为动态和静态两种，本书只研究静态数学模型。

静态数学模型是指在静态信号作用下，传感器输出量与输入量之间的一种函数关系，表示为

$$y = a_0 + a_1 x + a_2 x^2 + \cdots + a_n x^n \tag{2-9}$$

式中，$x$——输入量；

$y$——输出量；

$a_0$——零输入时的输出，也称零位误差；

$a_1$——传感器的线性灵敏度，用 $K$ 表示；

$a_2$，$\cdots$，$a_n$——非线性项系数。

根据传感器的数学模型一般把传感器分为三种：

（1）理想传感器，静态数学模型表现为 $y = a_1 x$。

（2）线性传感器，静态数学模型表现为 $y = a_0 + a_1 x$。

（3）非线性传感器，静态数学模型表现为 $y = a_0 + a_1 x + a_2 x^2 + \cdots + a_n x^n$（$a_2 \cdots a_n$ 中至少有一个不为零）。

## 2.2.2　传感器的应用

传感器是利用各种物理、化学、生物现象将非电量转换为电量的器件，传感器可以检测自然界所有的非电量，它在社会生活中发挥着不可替代的作用。传感器技术是自动控制技术的核心技术。

当今社会的发展就是信息技术的发展。早在20世纪80年代，美国首先认识到世界已进入传感器时代，日本也将传感器技术列为十大技术之首，我国将传感器技术列为国家"八五"重点科技攻关项目，建成了"传感器技术国家重点实验室""国家传感器工程中心"等研究开发基地。传感器产业已被国内外公认为是具有发展前途的高技术产业。它以其技术含量高、经济效益好、渗透力强、市场前景广等特点为世人所瞩目。

随着现代科技技术的高速发展，人们生活水平的迅速提高，传感器技术越来越受到普遍的重视，它的应用已渗透到国民经济的各个领域。

### 1. 在工业生产中的应用

在工业生产过程中，必须对温度、压力、流量、液位等参数进行检测，实现对工作状态

的监控，诊断生产设备的各种情况，使生产系统处于最佳状态，从而保证产品质量，提高效益。目前，传感器与微机、通信技术的结合，使工业监测实现了自动化。如果没有传感器，现代工业生产自动化程度会大大降低。

举例来说，自动化生产线要保证食用油能准确地注入油桶，并能控制一定的质量，装完后能拧好顶盖，然后在合适的位置贴好商标，整个过程都需要通过仪表检测出油桶的位置、注油量、油桶盖的安装位置以及商标粘贴位置，以达到自动化控制的目的。现代化的生产过程大都采用了自动计数系统，它轻而易举地解决了生产中工件数目繁多、难以计数的问题，光电计数机运用了光电传感器，可实现自动计数、缺料报警及剔除不良计数工件的功能。工业用光电计数机实物如图2-9所示。

图2-9　工业用光电计数机实物

## 2. 在汽车电控系统中的应用

随着人们生活水平的提高，汽车已逐渐走进千家万户。传感器在汽车中相当于感官和触角，只有它才能采集汽车工作状态的信息，提高自动化程度。汽车传感器主要分布在发动机控制系统、底盘控制系统和车身控制系统中。汽车配备的传感器数量在不断增加。

举例来说，仅发动机的燃料喷射系统就需要配备15个传感器，再加上车辆控制系统、车身控制系统以及信息通信系统，一台汽车上的传感器数量甚至会超过150个，将汽车称为诸多传感器的集合体也不为过。混合动力车及电动汽车因电动部件增加，传感器的定位就更高。汽车传感器应用示意图如图2-10所示。

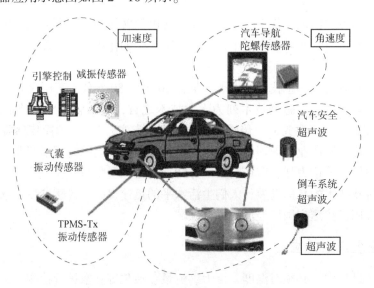

图2-10　汽车传感器应用示意图

### 3. 在现代医学领域中的应用

医学传感器作为拾取生命体征信息的"五官"，它的作用日益显著，并得到广泛应用。在图像处理、临床化学检验、生命体征参数监护、疾病的诊断与治疗方面，使用传感器十分普遍。医学传感器分为物理传感器、化学传感器、生物传感器。被测量生理参数均为低频或超低频信息，频率分布一般低于 300 Hz。生理参数的信号微弱，测量范围分布在 $\mu V \sim mV$ 数量级。传感器在现代医学中已无处不在。

举例来说，医用传感器在医学上的用途主要是检测、监护、控制。检测即测量正常或异常生理参数，如先天性心脏病患者手术前需用血压传感器测量心内压力，估计缺陷程度。监护即连续测定某些生理参数是否处于正常范围，以便及时预报，如在 ICU 病房，对危重病人的体温、脉搏、血压、呼吸、心电等进行连续监护的监护仪。控制即利用检测到的生理参数控制人体的生理过程。比如，用同步呼吸器抢救病人时，要检测病人的呼吸信号，以此来控制呼吸器的动作与人体呼吸同步。家庭医用监护仪示意图如图 2 – 11 所示。

图 2 – 11　家庭医用监护仪示意图

### 4. 在环境监测方面的应用

我们工作、生活、娱乐的场所都需要一个安全的环境。家庭中对煤气泄漏的及时发现，公共场所对火灾初期情况的及时掌握，对人员疏散、最大限度减少生命及财产损失至关重要。

近年来，环境污染问题日益严重，人们迫切希望拥有一种能对污染物进行连续、快速、在线监测的仪表，传感器满足了人们的要求。目前，已有相当一部分传感器应用于环境监测中。

举例来说，二氧化硫是酸雨形成的主要原因，传统的检测方法很多，现在将亚细胞类脂类固定在醋酸纤维膜上，和氧电极制成安培型生物传感器，可对酸雨酸雾溶液进行检测，大大简化了检测方法。环境监测站示意图如图 2 – 12 所示。

### 5. 在军事中的应用

当今，传感器在军事上的应用极为广泛，可以说无时不用、无处不用，大到飞机、舰船、坦克、火炮等装备系统，小到单兵作战武器，从参战的武器系统到后勤保障，遍及整个作战系统及作战的全过程。传感器在军用电子系统中的运用促进了武器、作战指挥、控制、监视和通信方面的智能化。传感器在远方战场监视系统、防空系统、雷达系统、导弹系统等方面都有广泛的应用，是提高军事战斗力的重要因素。

图 2 - 12　环境监测站示意图

举例来说，美国航天飞机上的传感器有100多种4 000多个；用于陆兵单兵作战的多功能电子设备，包括各类 MEMS 传感器，如夜视仪、红外瞄准器等；有多种微型传感器的机器人坦克、自主式地面车辆已投入使用。红外夜视仪效果图如图 2 - 13 所示。

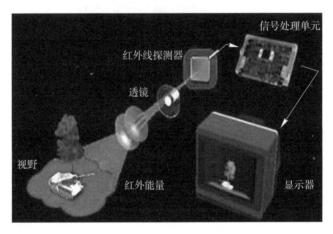

图 2 - 13　红外夜视仪效果图

### 6. 在家用电器中的应用

随着电子技术的兴起，家用电器正向自动化、智能化的方向发展。自动化和智能化的中心就是研制计算机和各种类型的传感器组成的控制系统。

例如，一台空调器采用微型计算机控制配合传感器技术，可以实现压缩机的启动、停机、风扇摇头、风门调节、换气等，从而对温度、湿度和空气浊度进行控制。测量空调压缩机转速示意图如图 2 - 14 所示。

### 7. 在智能建筑领域中的应用

智能建筑是未来建筑的一种必然趋势，它涵盖自动化、信息化、生态化等多方面的内容，具有微型集成化、高精度、数字化特征的智能传感器将在智能建筑中占有重要位置。

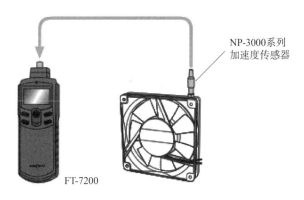

图 2 – 14　测量空调压缩机转速示意图

　　例如，闭路监控系统、防盗报警系统、楼宇对讲系统、停车场管理系统、小区一卡通系统、红外周界报警系统、电子围栏、巡更系统、考勤门禁系统、电子考场系统、智能门锁，等等。防盗报警系统示意图如图 2 – 15 所示。

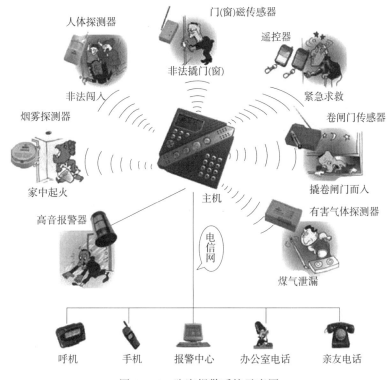

图 2 – 15　防盗报警系统示意图

## 2.2.3　传感器的基本特性

　　传感器的静态特性是指对静态的输入信号，传感器的输出量与输入量之间的关系。因为输入量和输出量都和时间无关，它们之间的关系即传感器的静态特性，可用一个不含时间变量的代数方程或以输入量作横坐标，把与其对应的输出量作纵坐标而画出的特性曲线来描述。表征传感器静态特性的主要参数有线性度、灵敏度、分辨力和迟滞等，传感器的参数指标决定了传感器的性能以及选用传感器的原则。

## 1. 传感器的灵敏度

灵敏度是指传感器在稳态工作情况下输出量变化对输入量变化的比值。传感器的灵敏度示意图如图 2-16 所示。

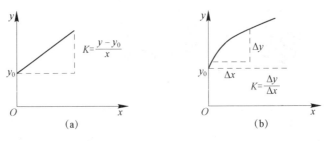

图 2-16　传感器的灵敏度示意图

(a) 输出和输入呈线性关系；(b) 输出和输入呈非线性关系

$$K = \frac{\Delta y}{\Delta x} \tag{2-10}$$

式中，$K$——灵敏度；

　　　$\Delta x$——输入变化量；

　　　$\Delta y$——输出变化量。

如果传感器的输出和输入之间呈线性关系，则灵敏度 $K$ 是一个常数，即特性曲线的斜率。如果传感器的输出和输入之间呈非线性关系，则灵敏度 $K$ 不是一个常数，灵敏度的量纲是输出量、输入量的量纲之比。例如，某位移传感器，在位移变化 1 mm 时，输出电压变化为 200 mV，则其灵敏度应表示为 200 mV/mm。当传感器的输出量、输入量的量纲相同时，灵敏度可理解为放大倍数。

提高灵敏度，可得到较高的测量精度。但灵敏度越高，测量范围越窄，稳定性也往往越差。

**例 2-1**　某一型号温度传感器，量程为 0～300℃，输出信号为直流电压 1～5 V。当温度 $T = 150$℃时，输出电压 $U_o' = 3.004$ V。求：

(1) 写出该传感器理想的静态特性方程；

(2) 该传感器在温度 $T = 150$℃时，输出的绝对误差。

答：(1) 该传感器理想的静态特性是一个线性方程，即

$$\frac{U_o - 1}{T - 0} = \frac{5 - 1}{300 - 0} \tag{2-11}$$

整理上式得

$$U_o = \frac{1}{75}T + 1 \tag{2-12}$$

将 $T = 150$ 代入式（2-12）得到该温度点输出的真值为

$$U_o = \frac{1}{75} \times 150 + 1 = 3(\text{V}) \tag{2-13}$$

（2）该温度点输出的绝对误差

$$\Delta U = U'_o - U_o = 3.004 - 3 = 0.004(V) \tag{2-14}$$

**例 2-2** 已知某一压力传感器的量程为 0～10 MPa，输出信号为直流电压 1～5 V。求：

（1）该压力传感器的静态特性表达式；

（2）该压力传感器的灵敏度。

答：（1）由于压力传感器是一线性检测装置，所以输入/输出应符合下列关系：

$$\frac{V-1}{P-0} = \frac{5-1}{10-0}$$

整理上式得

$$V = 0.4P + 1 \tag{2-15}$$

（2）对该特性方程式求导得灵敏度为

$$K = \frac{dV}{dP} = 0.4 \tag{2-16}$$

## 2. 传感器的线性度

线性度是指实际特性曲线近似理想特性曲线的程度。通常情况下，传感器的实际静态特性输出是条曲线而非直线。在实际工作中，为使仪表具有均匀刻度的读数，常用一条拟合直线近似地代表实际的特性曲线。拟合直线的选取有多种方法，如将零输出和满量程输出点相连的理论直线作为拟合直线，线性度就是这个近似程度的一个性能指标。传感器的线性度示意图如图 2-17 所示。

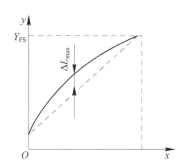

图 2-17 传感器的线性度示意图

$$r = \Delta L_{max}/Y_{FS} \times 100\% \tag{2-17}$$

式中，$r$——线性度；

$\Delta L_{max}$——实际曲线和拟合直线之间的最大差值；

$Y_{FS}$——传感器的量程。

## 3. 传感器的分辨力

分辨力是指传感器可能感受到的被测量的最小变化的能力。也就是说，如果输入量从某一非零值缓慢地变化，当输入变化值未超过某一数值时，传感器的输出不会发生变化，即传感器对此输入量的变化是分辨不出来的。只有当输入量的变化超过分辨力时，其输出才会发生变化。

通常传感器在满量程范围内各点的分辨力并不相同，因此常用满量程中能使输出量产生阶跃变化的输入量中的最大变化值作为衡量分辨力的指标。

### 4. 传感器的重复性

传感器在输入量按同一方向做全量程多次测试时，所得特性曲线不一致的程度即传感器的重复性。传感器的重复性的示意图如图 2 - 18 所示。

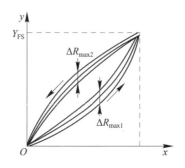

图 2 - 18　传感器的重复性的示意图

$$E_R = \Delta R_{max}/2Y_{FS} \times 100\% \qquad (2-18)$$

式中，$E_R$——重复性；

$\Delta R_{max}$——多次测量曲线之间的最大差值；

$Y_{FS}$——传感器的量程。

### 5. 传感器的迟滞性

传感器在正向行程（输入量增大）和反向行程（输入量减小）期间，特性曲线不一致的程度即传感器的迟滞性。传感器的迟滞性的示意图如图 2 - 19 所示。

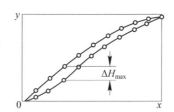

图 2 - 19　传感器的迟滞性的示意图

$$E_H = \Delta H_{max}/2Y_{FS} \times 100\% \qquad (2-19)$$

式中，$E_H$——迟滞误差；

$\Delta H_{max}$——正向曲线与反向曲线之间的最大差值；

$Y_{FS}$——传感器的量程。

### 6. 传感器的漂移

传感器的漂移是指在外界的干扰下，输出量发生与输入量无关的、不需要的变化。漂移分为零点漂移和灵敏度漂移等，还可分为时间漂移和温度漂移。

时间漂移是指在规定的条件下，零点或灵敏度随时间的缓慢变化。

温度漂移是指环境温度变化而引起的零点或灵敏度的漂移。

# 2.3 测量及误差的基本知识

由于测量方法和仪表设备的不完善、周围环境的影响，以及人的观察力等限制，实际测量值和真值之间，总是存在一定的差异。人们常用绝对误差、相对误差等来说明一个近似值的准确程度。为了评定实验测量数据的精确性或误差，认清误差的来源及其影响，需要对测量的误差进行分析和讨论。由此可以判定哪些因素是影响实验精确度的主要方面，进一步改进测量方法，缩小实际测量值和真值之间的差值，提高测量的精确性。因此，掌握和运用测量误差的结果处理和测量不确定度评定方法是十分重要的。

## 2.3.1 测量的概念、方法、真值

### 1. 测量基本概念

测量是以确定量值为目的的一系列操作。所以测量也就是将被测量与同种性质的标准量进行比较，确定被测量对标准量的倍数。由测量所获得的被测的量值叫测量结果。测量结果可用一定的数值表示，也可以用一条曲线或某种图形表示。但无论其表现形式如何，测量结果应包括三部分，即大小、符号（正或负）、单位三个要素。

在工程上，所要测量的参数大多数为非电量，这促使人们用电测的方法来研究非电量，即研究用电测的方法测量非电量的仪表仪表，研究如何能正确和快速地测得非电量的技术。

### 2. 测量方法

根据测量数据的获得方式不同，电气测量的方法可以分为直接测量、间接测量和组合测量三种，具体前面已经描述，这里不再赘述。

### 3. 测量真值

测量的目的就是最接近地求取真值，下面介绍真值的概念和一般情况下真值的确定方法。

真值是待测物理量客观存在的确定值，也称理论值或定义值。通常真值是无法测得的。若测量的次数无限多时，根据误差的分布定律，正负误差的出现概率相等。再经过细致的消除系统误差，将测量值加以平均，可以获得非常接近于真值的数值。但是实际上测量的次数总是有限的。用有限测量值求得的平均值只能是近似真值，常用的平均值有下列几种：

1）算术平均值

算术平均值是最常见的一种平均值。

设 $x_1$、$x_2$、$\cdots$、$x_n$ 为各次测量值，$n$ 代表测量次数，则算术平均值为

$$\bar{x} = \frac{x_1 + x_2 + \cdots + x_n}{n} = \frac{\sum\limits_{i=1}^{n} x_i}{n} \qquad (2-20)$$

2）几何平均值

几何平均值是将一组 $n$ 个测量值连乘并开 $n$ 次方求得的平均值，即

$$\bar{x}_{几} = \sqrt[n]{x_1 x_2 \cdots x_n} \qquad (2-21)$$

3）均方根平均值

$$\bar{x}_{\text{均}} = \sqrt{\frac{x_1^2 + x_2^2 + \cdots + x_n^2}{n}} = \sqrt{\frac{\sum\limits_{i=1}^{n} x_i^2}{n}} \qquad (2-22)$$

## 2.3.2　误差的表示方法、分类

### 1. 误差的表示方法

利用任何量具或仪表进行测量时，总存在误差，测量结果总不可能准确地等于被测量的真值，而只是它的近似值。测量的质量高低以测量精确度作指标，根据测量误差的大小来估计测量精确度。测量结果的误差越小，则认为测量越精确。

1）绝对误差

测量值和真值之差为绝对误差，通常称为误差，记为

$$\Delta = X - A_0 \qquad (2-23)$$

式中，$\Delta$——绝对误差；

　　$X$——测量值；

　　$A_0$——真值。

由于真值一般无法求得，因而上式只有理论意义。常用高一级标准仪表的示值 $A$ 代替真值 $A_0$。高一级标准仪表存在较小的误差。$X$ 与 $A$ 之差称为仪表的示值绝对误差，记为

$$\Delta = X - A \qquad (2-24)$$

式中，$\Delta$——示值绝对误差；

　　$X$——测量值；

　　$A$——高一级标准仪器的示值。

与 $\Delta$ 相反的数称为修正值，记为

$$C = -\Delta = A - X \qquad (2-25)$$

2）相对误差

衡量某一测量值的准确程度，一般用相对误差来表示。示值绝对误差 $\Delta$ 与被测量的实际值 $A$ 的百分比值称为实际相对误差，记为

$$\gamma_A = \frac{\Delta}{A} \times 100\% \qquad (2-26)$$

式中，$\gamma_A$——实际相对误差；

　　$\Delta$——示值绝对误差；

　　$A$——实际值。

以仪表的示值 $X$ 代替实际值 $A$ 的相对误差称为示值相对误差，记为

$$\gamma_X = \frac{\Delta}{X} \times 100\% \qquad (2-27)$$

式中，$\gamma_X$——示值相对误差；

　　$\Delta$——示值绝对误差；

　　$X$——测量值。

一般来说，除了某些理论分析外，用示值相对误差较为适宜。

**3）引用误差**

为了计算和划分仪表精确度等级，提出引用误差概念。其定义为仪表示值绝对误差与量程范围之比。

$$\gamma_n = \frac{示值绝对误差}{量程范围} \times 100\% = \frac{\Delta}{X_n} \times 100\% \qquad (2-28)$$

式中，$\gamma_n$——引用误差；

$\Delta$——示值绝对误差；

$X_n$——量程范围，即标尺上限值 – 标尺下限值。

**2. 测量仪表精确度**

测量仪表的精度等级是用最大引用误差（又称允许误差）来标明的。它等于仪表示值绝对误差与仪表的量程范围之比的百分数。

$$\gamma_A = \frac{示值绝对误差}{量程范围} \times 100\% = \frac{\Delta}{X_n} \times 100\% \qquad (2-29)$$

式中，$\gamma_A$——最大引用误差；

$\Delta$——仪表示值的最大绝对误差；

$X_n$——量程范围，即标尺上限值 – 标尺下限值。

测量仪表的精度等级是国家统一规定的，把允许误差中的百分号去掉，剩下的数字的绝对值称为仪表的精度等级。例如，某台压力计的允许误差为 1.5%，这台压力计电工仪表的精度等级就是 1.5，通常简称 1.5 级仪表。我国仪表的精度等级分 7 级：0.1、0.2、0.5、1.0、1.5、2.5、5.0。

仪表的精度等级常以圆圈内的数字标明在仪表的面板上。仪表精度等级示意图如图 2 – 20 所示。

仪表的精度等级为 $a$，表明仪表在正常工作条件下，其最大引用误差的绝对值 $\gamma_{nmax}$ 不能超过的界限，即

$$\gamma_{nmax} = \frac{\Delta_{max}}{X_n} \times 100\% \leqslant a\% \qquad (2-30)$$

由式（2 – 30）可知，在应用仪表进行测量时所能产生的最大绝对误

图 2 – 20 仪表精度    差为

等级示意图

$$\Delta_{max} \leqslant a\% \cdot X_n \qquad (2-31)$$

**例 2 – 3** 用量限为 5 A，精度为 0.5 级的电流表，分别测量两个电流，$I_1 = 5$ A，$I_2 = 2.5$ A，试求测量 $I_1$ 和 $I_2$ 的相对误差为多少？

**解：**

$$\gamma_{m1} = a\% \times \frac{I_n}{I_1} = 0.5\% \times \frac{5}{5} = 0.5\% \qquad (2-32)$$

$$\gamma_{m2} = a\% \times \frac{I_n}{I_2} = 0.5\% \times \frac{5}{2.5} = 1.0\% \qquad (2-33)$$

上例说明，当仪表的精度等级选定时，所选仪表的测量上限越接近被测量的值，则测量的相对误差值越小。

**例 2 – 4** 欲测量约 90 V 的电压，实验室现有 0.5 级 0 ~ 300 V 和 1.0 级 0 ~ 100 V 的电

压表。问选用哪一种电压表进行测量更好？

**解**：用 0.5 级 0 ~ 300 V 的电压表测量 90 V 的相对误差为

$$\gamma_{m0.5} = a_1\% \times \frac{U_n}{U} = 0.5\% \times \frac{300}{90} = 1.7\% \qquad (2-34)$$

用 1.0 级 0 ~ 100 V 的电压表测量 90 V 的相对误差为

$$\gamma_{m1.0} = a_2\% \times \frac{U_n}{U} = 1.0\% \times \frac{100}{90} = 1.1\% \qquad (2-35)$$

上例说明，如果选择得当，用量程范围适当的 1.0 级仪表进行测量，能得到比用量程范围大的 0.5 级仪表更准确的结果。因此，在选用仪表时，应根据被测量值的大小，在满足被测量数值范围的前提下，尽可能选择量程小的仪表，并使测量值大于所选仪表满刻度的 2/3，即 $X > 2X_n/3$。这样就可以达到满足测量误差要求，又可以选择精度等级较低的测量仪表，从而降低仪表的成本。

### 3. 误差的分类

误差产生的原因多种多样，根据误差的性质和产生的原因，一般分为三类：

#### 1）系统误差

系统误差是指在测量和实验中未发觉或未确认的因素所引起的误差，而这些因素影响结果永远朝一个方向偏移，其大小及符号在同一组实验测定中完全相同，当实验条件一经确定，系统误差就获得一个客观上的恒定值。

当改变实验条件时，就能发现系统误差的变化规律。

系统误差产生的原因：测量仪表不良，如刻度不准，仪表零点未校正或标准表本身存在偏差等；周围环境的改变，如温度、压力、湿度等偏离校准值；实验人员的习惯和偏向，如读数偏高或偏低等引起的误差。针对仪表的缺点、外界条件变化影响的大小、个人的偏向，待分别加以校正后，系统误差是可以清除的。

#### 2）随机误差

在已消除系统误差的一切量值的观测中，所测数据仍在末一位或末两位数字上有差别，而且它们的绝对值和符号的变化，时而大时而小，时正时负，没有确定的规律，这类误差称为偶然误差或随机误差。随机误差产生的原因不明，因而无法控制和补偿。但是，倘若对某一量值做足够多次的等精度测量后，就会发现偶然误差完全服从统计规律，误差的大小或正负的出现完全由概率决定。因此，随着测量次数的增加，随机误差的算术平均值趋近于零，所以多次测量结果的算数平均值将更接近于真值。

#### 3）粗大误差

粗大误差是一种显然与事实不符的误差，它往往是由于实验人员粗心大意、过度疲劳和操作不正确等原因引起的。此类误差无规则可寻，只要加强责任感、多方警惕、细心操作，粗大误差是可以避免的。

## ● 习 题

### 1. 填空

（1）随机误差的概率分布一般是（        ）分布。

（2）按测量方式分类有（　　　　　）、零位式测量和微差式测量。

（3）测量误差的表示方法有绝对误差和（　　　　　）。

（4）传感器的引用误差值等于（　　　　　）与量程之比。

（5）仪表的精度等级是最大绝对允许误差除以（　　　　　）乘以 100%。

（6）按获得测量结果的方法分类有直接测量、（　　　　　）、组合测量。

（7）按出现的规律，误差可分为系统误差、（　　　　　）、粗大误差。

（8）传感器输入量一般是（　　　　　）量，转换成的输出量是电量。

（9）精确度是（　　　　　）度和准确度的总和。

（10）（　　　　　）是检测系统静态特性的一个基本参数，其定义是输出量增量与引起该增量的输入量增量之比。

（11）传感器中测量电路对某干扰的补偿结果是使测量电路的输出（　　　　　）。

（12）量程的数值等于被测量的上限值与（　　　　　）之差。

（13）为了使用目的所采用的接近真值的值代替真值，它与真值误差可忽略不计，这样的值称为（　　　　　）。

（14）当测试系统的输入和输出有不同的量纲时，其量纲可用输入量纲与（　　　　　）之比来表示。

（15）为了使用方便，常常需要对曲线进行线性化，把线性化得到的直线称为理想直线。定度曲线和理想直线的最大偏差与测量系统标称全量程输出范围之比称为测试系统的（　　　　　）。

**2. 判断**

（1）精度等级为 0.5 级的仪表与精度等级为 1.0 级的仪表相比，前者的精度等级更高。
　　　　　　　　　　　　　　　　　　　　　　　　　　　　　　　　（　　　）

（2）绝对误差是有正负号的量。　　　　　　　　　　　　　　　　　（　　　）

（3）在工程测试中常以 $3\sigma$ 这个参数来表示测量精度，称为极限误差。（　　　）

（4）绝对误差是有单位的量。　　　　　　　　　　　　　　　　　　（　　　）

（5）绝对误差通常可以说明测量质量的好坏。　　　　　　　　　　　（　　　）

**3. 计算**

（1）测量某一质量 $G_1 = 50$ g，误差为 $\delta_1 = 2$ g，测量另一质量 $G_2 = 2$ kg，误差为 $\delta_2 = 50$ g，问哪一次的测量效果好？

（2）某一温度传感器的精度为 0.2% F.S，标准电压输出范围是 1～5 V。

求：①可能出现的最大误差 $\Delta_{max}$（以电压 $V$ 计算）；

②传感器使用在满量程的 1/2 和 1/4 时，分别计算产生的相对误差 $\gamma_1$ 和 $\gamma_2$；

③根据计算的结果，简述减小测量的相对误差有哪些方法。

（3）现有 A 温度表量程为 0～600℃，精度等级为 2.5；B 温度表量程为 0～400℃，精度等级为 0.01。问上述哪只表能检定一台精度等级为 1.0 级，量程为 0～100℃ 的温度表？

**4. 简答**

（1）电气测试中测量方法有哪些？

（2）传感器的静态特性是什么？

（3）测量误差的分类有哪些？

# 第3章

# 温度检测

## 本章重点

在介绍温标及测温方法的基础上，重点介绍热电偶温度传感器、热电阻温度传感器、热敏电阻温度传感器、红外温度传感器等测温原理及方法，并举例介绍了温度传感器的应用。

# 3.1 温标及测温方法

## 3.1.1 温标

温度（Temperature）是一个重要的物理量，它是国际单位制（SI）中七个基本单位之一，也是工业生产中主要的工艺参数。从工业炉温、环境气温到人体温度，从空间、海洋到家用电器，各技术领域都离不开测温和控温。从分子运动论观点看，温度是物体分子运动平均动能标志。温度只能通过物体随温度变化的某些特性来间接测量，而用来度量物体温度数值的标尺称为温标。温标规定了温度的读数起点（零点）和测量温度的基本单位。国际上用得较多的有经验温标、热力学温标和国际实用温标，下面逐一介绍这些常用温标。

### 1. 经验温标

借助于某一种物质的物理量与温度变化的关系，用实验方法或经验公式所确定的温标称为经验温标。常用的经验温标有摄氏温标、华氏温标。

（1）摄氏温标。摄氏温标是把在标准大气压下水的冰点定为0℃、把水的沸点定为100℃的一种温标。在0~100℃之间分成100等份，每一等份为1℃。

（2）华氏温标。华氏温标是以当地的最低温度为 0 ℉，人体温度为 100 ℉，中间分成 100 等份，每一等份为 1 ℉。后来，人们规定标准大气压下纯水的冰点温度为 32 ℉，水的沸点定为 212 ℉，中间划分 180 等份，每一等份称为 1 ℉。

摄氏温标、华氏温标都是用水银作为温度计的测温介质，是依据液体受热膨胀的原理来建立温标和制造温度计的。

### 2. 热力学温标

1848 年威廉·汤姆首先提出以热力学第二定律为基础，建立温度仅与热量有关而与物质无关的热力学温标。由于是开尔文总结出来的，故又称为开尔文温标，用符号 K 表示。由于热力学中的卡诺热机是一种理想机器，实际上能够实现卡诺循环的可逆热机是没有的。所以说，热力学温标是一种理想温标，是不可能实现的温标。

### 3. 国际实用温标

为了解决国际上温度标准的统一及实用问题，国际上协商决定，建立一种既能体现热力学温度（即能保证一定的准确度），又使用方便、容易实现的温标，这就是国际实用温标，又称国际温标。

1968 年国际实用温标规定热力学温度是基本温度，用符号 $T$ 表示，其单位为开尔文，符号为 K。1 K 定义为水三相点热力学温度的 1/273.16。水三相点是指化学纯水在固态、液态及气态三相平衡时的温度，热力学温标规定三相点温度为 273.16 K。

另外，可使用摄氏温度，用符号 $t$ 表示，即

$$t = T - T_0 \tag{3-1}$$

这里摄氏温度的分度值与开氏温度分度值相同，即温度间隔 1 K 等于 10℃。$T_0$ 是在标准大气压下冰的融化温度，$T_0 = 273.15$ K。水的三相点的温度比冰点高出 0.01 K。由于水的三相点温度易于复现，复现精度高，而且保存方便（这是冰点不能比拟的），所以国际实用温度规定，建立温标的唯一基准点为水的三相点。

## 3.1.2 常用测温方法

常用的测温方法有接触式测温法和非接触式测温法。

接触式测温是将温度传感器与被测温度物体或介质直接接触，两者通过热传导达到热平衡之后，就可以通过温度传感器所感受温度来衡量被测物体温度。接触式测温可获得较高水平的测温准确度。由于测温过程中传感器与被测物体直接接触会进行热传导，从而使被测物体温度改变，故接触式测温不适合测量热容量小的物体。

非接触式测温是通过被测物体辐射能量来测量温度的，由于不与被测物体直接接触，所以不会由于热传导致被测物体温度变化。同时没有理论测温上限，可以用来测量接触式测温不能测量的温度范围，具有动态响应好的特点。由于物体表面反射等的作用，需要提供被测物体的表面发射率等修正系数。

不同测温方法都具有各自的特点和测温范围，表 3-1 所示为常用的测温方法、测温范围及特点。

表 3-1  常用测温方法、测温范围及特点

| 测温方式 | 温度计或传感器类型 | | 测温范围/℃ | 精度 | 特点 |
|---|---|---|---|---|---|
| 接触式 | 热膨胀式 | 水银 | -50~650 | 0.1~1 | 简单方便，易损坏（水银污染） |
| | | 双金属 | 0~300 | 0.1~1 | 结构紧凑，牢固可靠 |
| | | 压力（液体） | -30~600 | 1 | 耐振、坚固、价格低廉 |
| | | 压力（气体） | -20~350 | | |
| | 热电偶 | 铂铑-铂 其他 | 0~1 600 -200~1 100 | 0.2~0.5 0.4~1.0 | 种类多，适应性强，结构简单，经济方便，应用广泛。需注意寄生热电势及动圈式仪表电阻对测量结果的影响 |
| | 热电阻 | 铂 镍 铜 | -260~600 -500~300 0~180 | 0.1~0.3 0.2~0.5 0.1~0.3 | 精度及灵敏度均较好，需注意环境温度的影响 |
| | | 热敏电阻 | -260~600 | 0.3~0.5 | 体积小，响应快，灵敏度高，线性差，需注意环境温度影响 |
| 非接触式 | 辐射温度计 光高温度计 | | 800~3 500 700~3 000 | 1 1 | 非接触式测温，不干扰被测温度场，辐射率影响小，应用简便 |
| | 热探测器 热敏电阻探测器 光子探测器 | | 200~2 000 -50~3 200 0~3 500 | 1 1 1 | 非接触式测温，不干扰被测温度场，响应快，测温范围大，适用于测温分布，易受外界干扰，标定困难 |
| 其他 | 示温涂料 | 碘化银、二碘化汞、氯化铁、液晶等 | -35~2 000 | <1 | 测温范围大，经济方便，特别适于大面积连续运转零件上的测温，精度低，人为误差大 |

# 3.2  热电偶温度传感器

## 3.2.1  热电偶的工作原理

热电偶是工程上应用最广泛的温度传感器。它构造简单，使用方便，具有较高的准确度、稳定性及复现性，温度测量范围宽，在温度测量中占有重要的地位。

### 1. 基本结构

两种不同的金属 A 和 B 构成的闭合回路，如果将它们的两个接点中的一个进行加热，使其温度为 $T$，而另一点置于室温 $T_0$ 中，则在回路中会产生热电势，这一现象称为热电效应。热电效应于 1821 年由德国物理学家赛贝克发现，又称"赛贝克效应"。

通常把两种不同金属的这种组合叫作热电偶，A、B 叫作热电极，温度高的接点叫作热端或工作端，而温度低的接点叫作冷端或自由端。热电偶结构示意图如图 3 - 1 所示。

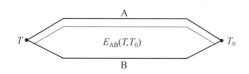

$$T \quad E_{AB}(T,T_0) \quad T_0$$

图 3 - 1  热电偶结构示意图

## 2. 工作原理

热电效应产生的热电势是由接触电势和温差电势两部分组成。

接触电势是由于两种不同导体的自由电子密度不同而在接触处形成的电势。该电场将阻碍扩散作用的进一步发生，同时引起反方向的电子转移，扩散和反扩散形成矛盾运动。上述过程的发展，直到扩散作用和阻碍其扩散的作用的效果相同时，也即由金属 A 扩散到金属 B 的自由电子与金属 B 扩散到金属 A 的自由电子（形成漂移电流）相等时，该过程便处于动态平衡。在这种动态平衡状态下，A 和 B 两金属之间便产生一定的接触电势，该接触电势的数值取决于两种不同导体的性质和接触点的温度。接触电势示意图如图 3 - 2 所示。

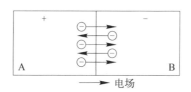

图 3 - 2  接触电势示意图

两接点的接触电势 $e_{AB}$ （$T$） 可表示为

$$e_{AB}(T) = \frac{kT}{e}\ln\frac{N_A}{N_B} \tag{3-2}$$

式中，$k$——玻耳兹曼常数 （$k = 1.38 \times 10^{23}$ J/K）；

　　　$T$——接触面的绝对温度；

　　　$e$——单位电荷量 （$e = 1.6 \times 10^{19}$ C）；

　　　$N_A$——金属电极 A 的自由电子密度；

　　　$N_B$——金属电极 B 的自由电子密度。

温差电势是同一导体的两端因其温度不同而产生的一种电势。同一导体的两端温度不同时，高温端的电子能量要比低温端的电子能量大，因而从高温端跑到低温端的电子数比从低温端跑到高温端的要多，结果高温端因失去电子而带正电，低温端因获得多余的电子而带负电，因此，在导体两端便形成温差电势。温差电势示意图如图 3 - 3 所示。

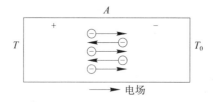

图 3 - 3　温差电势示意图

同一导体温差电势大小可表示为

$$e_A(T, T_0) = \int_{T_0}^{T} \delta \mathrm{d}T \qquad (3-3)$$

式中，$\delta$ 为汤姆逊系数，它表示温度为 $1℃$ 时所产生的电动势值，它与材料的性质有关。例如在 $0℃$ 时，铜的 $\delta = 2\ \mu V/℃$。

综上所述，在由两种不同金属组成的闭合回路中，当两端点的温度不同时，回路中产生的总热电势等于上述电位差的代数和，如图 3 - 4 所示。

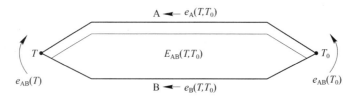

图 3 - 4　总热电势示意图

在总热电势中，温差电势比接触电势小很多，可忽略不计，热电偶的热电势可表示为

$$E_{AB}(T, T_0) = e_{AB}(T) - e_{AB}(T_0) = \frac{k}{e}(T - T_0)\ln\frac{N_A}{N_B} \qquad (3-4)$$

对于已选定的热电偶，当参考端温度恒定时，$e_{AB}(T_0) = C$ 为常数，则总的热电动势就只与温度 $T$ 成单值函数关系，因此就可以用测量到的热电势 $E_{AB}(T, T_0)$ 来得到对应的温度值 $T$，即

$$E_{AB}(T, T_0) = e_{AB}(T) - C = f(T) \qquad (3-5)$$

热电偶热电势的大小只是与导体 A、B 的材料及冷热端的温度有关，与导体的粗细长短及两导体接触面积无关。

实际应用中，热电势与温度之间关系是通过热电偶分度表来确定的。分度表是在参考端温度为 $0℃$ 时，通过实验建立起来的热电势与工作端温度之间的数值对应关系。不同金属组成的热电偶，温度与热电动势之间有不同的函数关系，即有不同的分度表。热电偶的线性度较差，多数情况下采用查分度表的方法获得被测温度值。

**例 3 - 1**　构成热电偶效应有哪两个因素？用接触电势公式说明。

答：接触电势为

$$E_{AB}(T, T_0) = e_{AB}(T) - e_{AB}(T_0) = \frac{k}{e}(T - T_0)\ln\frac{N_A}{N_B}$$

由公式可知：

（1）当 $N_A \neq N_B$ 时，即两种不同材料的导体；

（2）当 $T \neq T_0$ 时，即热电偶冷端与热端存在温差。

具备以上两因素，则会产生热电势。

（3）热电偶的结构形式。

为了适应不同生产对象的测温要求和条件，热电偶的结构形式有普通热电偶、铠装热电偶和薄膜热电偶等。

普通热电偶工业上使用最多，它一般由热电极、绝缘套管、保护管和接线盒组成。

铠装热电偶又称套管热电偶。它是由热电偶丝、绝缘材料和金属套管三者经拉伸加工而成的坚实组合体。

薄膜热电偶是由两种薄膜热电极材料，用真空蒸镀、化学涂层等办法蒸镀到绝缘基板上面制成的一种特殊热电偶。

## 3.2.2　热电偶的基本定律

### 1. 中间导体定律

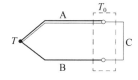

图 3-5　回路中接入第三种导体示意图

利用热电偶进行测温，必须在回路中引入连接导线和仪表，接入导线和仪表后会不会影响回路中的热电势呢？中间导体定律说明，在热电偶测温回路内接入第三种导体，只要其两端温度相同，则对回路的总热电势没有影响。回路中接入第三种导体示意图如图 3-5 所示。

由于温差电势可忽略不计，则回路中的总热电势等于各接点的接触电势之和，即

$$E_{ABC}(T,T_0) = e_{AB}(T) + e_{BC}(T_0) + e_{CA}(T_0) \tag{3-6}$$

当 $T = T_0$ 时，有

$$e_{BC}(T_0) + e_{CA}(T_0) = -e_{AB}(T_0) \tag{3-7}$$

则

$$E_{ABC}(T,T_0) = e_{AB}(T) - e_{AB}(T_0) = E_{AB}(T,T_0) \tag{3-8}$$

中间导体定律的实用价值在于：加入第三种导体，甚至第四、第五种导体后，只要加入的导体两端温度相等，同样不影响回路中的总热电势。

### 2. 参考电极定律

当接点温度为 $T$，$T_0$ 时，用导体 A、B 组成的热电偶的热电势等于 AC 热电偶和 CB 热电偶的热电势的代数和。参考电极定律示意图如图 3-6 所示。

图 3-6 中热电势代数和关系为

$$E_{AB}(T,T_0) = E_{AC}(T,T_0) - E_{BC}(T,T_0) \tag{3-9}$$

实际测温中，只要获得有关热电极与参考电极配对时的热电势值，那么任何两种热电极配对时的热电势均可按公式（3-9）而无须再逐个去测定。

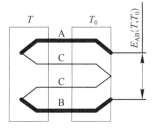

图 3-6　参考电极定律示意图

用作参考电极（标准电极）的材料，目前主要为纯铂丝材，因为铂的熔点高，易提纯，且在高温与常温时的物理、化学性能都比较稳定。

参考电极的实用价值在于：它可大大简化热电偶的选配工作。通常选用高纯铂丝作标准电极［即公式（3-9）中的 C］。Pt 熔点高，易提炼，高温时物理化学性能稳定，只要测得它与各种金属组成的热电偶的热电动势，则各种金属间相互组合成热电偶的热电势就可根据标准导体定律计算出来。

### 3. 中间温度定律

在热电偶回路中，两接点温度为 $T$、$T_0$ 时的热电势，等于该热电偶在接点温度为 $T$、$T_a$ 和 $T_a$、$T_0$ 时的热电势之和。中间温度定律示意图如图 3-7 所示。

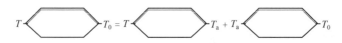

图 3-7　中间温度定律示意图

由图 3-7 可得

$$E_{AB}(T, T_0) = E_{AB}(T, T_a) + E_{AB}(T_a, T_0) \qquad (3-10)$$

中间温度定律的实用价值在于：只要给出自由端 0℃ 时的热电势和温度关系，就可求出冷端为任意温度 $T_0$ 的热电偶电动势。在实际热电偶测温回路中，利用热电偶这一性质，可对参考端温度不为 0℃ 的热电势进行修正。

**例 3-2**　什么是热电偶的分度表？列举几种常用的热电偶分度表。

答：分度表是在参考端温度为 0℃ 时，通过实验建立起来的热电势与工作端温度之间的数值对应关系。

S 型热电偶分度表（铂铑$_{10}$-铂）；

B 型热电偶分度表（铂铑$_{30}$-铂铑$_6$）；

K 型热电偶分度表（镍铬-镍硅）；

E 型热电偶分度表（镍铬-铜镍）。

**例 3-3**　用镍铬-镍硅热电偶测炉温，当冷端温度 $T_0 = 30℃$ 时，测得热电势为 39.17 mV，则实际炉温是多少度？

答：

根据中间温度定律

$$E_{AB}(T, T_0) = E_{AB}(T, T_a) + E_{AB}(T_a, T_0)$$

由 30℃ 查分度表得 1.2 mV，测得热电势为 39.17 mV，则总热电势为 40.37 mV，用 40.37 mV 查分度表，得 977℃，即实际炉温为 977℃。

若直接用测得的热电势 39.17 mV 查分度表，则其值为 946℃，故产生 31℃ 的测量误差。

### 4. 均质导体定律

两种均质金属组成的热电偶，其电势大小与热电极的直径、长度、沿热电极长度上的温度分布无关，只与热电极的材料和两端温度有关。

当组成热电偶的两个导体 A 和 B 性能相同时，则无论接触点处温度如何，热电偶回路总电动势为零。

当热电偶两个接触点处的温度 $T$ 和 $T_0$ 相等时，尽管组成热电偶的两导体 A 和 B 不同，热电偶回路总电动势为零。

## 3.2.3 热电偶的温度补偿方法

热电偶的热电势的大小与热端温度有关，也与冷端温度有关，只有当冷端温度恒定，才可通过测量热电势的大小得到热端温度。热电偶电路中最大的问题是冷端的问题，即如何选择测温的参考点。常采用的冷端补偿方式有三种：冰水保温瓶方式、计算修正法、冷端自动补偿方式。

### 1. 冰水保温瓶方式

把热电偶的参比端置于冰水混合物容器里，使 $T_0 = 0{}^\circ\!C$。为了避免冰水导电引起两个连接点短路，必须把连接点分别置于两个玻璃试管里，使其相互绝缘。这种办法一般适合于科学实验中使用。

### 2. 计算修正法

当冷端温度 $T_n$ 不为 $0{}^\circ\!C$ 但可以维持恒定不变时，采用计算修正法，依据的计算公式为

$$E_{AB}(T,T_0) = E_{AB}(T,T_n) + E_{AB}(T_n,T_0) \tag{3-11}$$

**例 3 – 4**  用铜 – 康铜热电偶测某一温度 $T$，参比端在室温环境 $T_n$ 中，测得热电势 $E_{AB}(T,T_n) = 1.979$ mV 又用室温计测出 $T_n = 21{}^\circ\!C$，查此种热电偶的分度表可知，

$E_{AB}(21,0) = 0.84$ mV

故得

$$\begin{aligned} E_{AB}(T,0) &= E_{AB}(T,21) + E_{AB}(21,T_0) \\ &= 1.979 + 0.84 = 2.819(\text{mV}) \end{aligned}$$

再次查分度表，与 2.819 mV 对应的热端温度 $T = 69{}^\circ\!C$。

**特别提示：**

既不能只按 1.979 mV 查表，认为 $T = 49{}^\circ\!C$，也不能把 $49{}^\circ\!C$ 加上 $21{}^\circ\!C$，认为 $T = 70{}^\circ\!C$。应严格根据中间温度定律进行补偿计算。

### 3. 冷端自动补偿方式

补偿电桥法是利用不平衡电桥产生的不平衡电压作为补偿信号，来自动补偿热电偶测量过程中因参考端温度不为 $0{}^\circ\!C$ 或变化而引起热电势的变化值。

不平衡电桥由三个电阻温度系数较小的锰铜丝绕制的电阻 $R_1$、$R_2$、$R_3$，电阻温度系数较大的铜丝绕制的电阻 $R_{Cu}$ 和稳压电源组成。补偿电桥与热电偶参考端处在同一环境温度，但由于 $R_{Cu}$ 的阻值随环境温度变化而变化，如果适当选择桥臂电阻，就可以使电桥产生的不平衡电压 $U_{AB}$ 补偿由于参考端温度变化引起的热电势 $E_{AB}(T,T_0)$ 变化量，从而达到自动补偿的目的。补偿电桥电路图如图 3 – 8 所示。

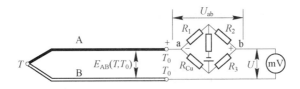

图3-8 补偿电桥电路图

## 3.2.4 常用热电偶分类

常用热电偶可分为标准型和非标准型两大类。所谓标准热电偶温度传感器是指国家标准规定了其热电势与温度的关系、允许误差、并有统一的标准分度表的热电偶温度传感器，它有与其配套的显示仪表可供选用。非标准热电偶温度传感器在使用范围或数量级上均不及标准热电偶温度传感器，一般也没有统一的分度表，主要用于某些特殊场合的测量。我国从1988年1月1日起，热电偶温度传感器全部按 IEC 国际标准生产，并指定 S、B、E、K、R、J、T 七种标准化热电偶为我国统一设计型热电偶温度传感器。标准热电偶分类如表 3-2所示。

表3-2 标准热电偶分类

| 类型（极性） | 分度号 | 使用测温范围/℃ |
|---|---|---|
| 铂铑$_{30}$（+）－铂铑$_6$（－） | B | +600～+1 700 |
| 铂铑$_{13}$（+）－铂（－） | R | 0～+1 600 |
| 铂铑$_{10}$（+）－铂（－） | S | 0～+1 600 |
| 镍铬（+）－康铜（－） | E | -200～+900 |
| 铁（+）－铜镍（－） | J | -40～+750 |
| 镍铬（+）－镍硅（－） | K | -200～+1 200 |
| 铜（+）－铜镍（－） | T | -200～+350 |

下面以五种热电偶为例，介绍其特点和分度表。

（1）B 型（铂铑$_{30}$－铂铑$_6$）热电偶：属于贵重金属的热电偶，正极为铂铑$_{30}$合金，负极为铂铑$_6$合金，使用温度范围 600～1 700℃。其耐热性、化学稳定性好，精度高，可以作为标准温度传感器使用，一般用于准确度要求较高的温度测量；自由端在 0～50℃内可以不用补偿导线。但热电势值小，在还原性气体环境变脆（特别是氢、金属蒸气），补偿导线误差大，价格贵。在 600℃以下温度测定不准确，线性不佳，价格贵。B 型热电偶分度表如表 3-3所示。

表3-3 B 型热电偶分度表

| 温度/℃ | 0 | 10 | 20 | 30 | 40 | 50 | 60 | 70 | 80 | 90 |
|---|---|---|---|---|---|---|---|---|---|---|
| | 热电势/mV | | | | | | | | | |
| 0 | 0.000 | 0.591 | 1.192 | 1.801 | 2.419 | 3.047 | 3.683 | 4.329 | 4.983 | 5.646 |
| 100 | 6.317 | 6.996 | 7.683 | 8.377 | 9.078 | 9.787 | 10.501 | 11.222 | 11.949 | 12.681 |

| 温度/℃ | 0 | 10 | 20 | 30 | 40 | 50 | 60 | 70 | 80 | 90 |
|---|---|---|---|---|---|---|---|---|---|---|
| | 热电势/mV | | | | | | | | | |
| 200 | 13.419 | 14.161 | 14.909 | 15.661 | 16.417 | 17.178 | 17.942 | 18.710 | 19.481 | 20.256 |
| 300 | 21.033 | 21.814 | 22.597 | 23.383 | 24.171 | 24.961 | 25.754 | 26.549 | 27.345 | 28.143 |
| 400 | 28.943 | 29.744 | 30.546 | 31.350 | 32.155 | 32.960 | 33.767 | 34.574 | 35.382 | 36.190 |
| 500 | 36.999 | 37.808 | 38.617 | 39.426 | 40.236 | 41.045 | 41.853 | 42.662 | 43.470 | 44.278 |
| 600 | 45.085 | 45.891 | 49.697 | 47.502 | 48.306 | 49.109 | 49.911 | 50.713 | 51.513 | 52.312 |
| 700 | 53.110 | 53.907 | 54.703 | 55.498 | 56.291 | 57.083 | 57.873 | 58.663 | 59.451 | 60.237 |
| 800 | 61.022 | 61.806 | 62.588 | 63.368 | 64.147 | 64.924 | 65.700 | 66.473 | 67.245 | 68.015 |
| 900 | 68.783 | 65.549 | 70.313 | 71.075 | 71.835 | 72.593 | 73.350 | 74.104 | 74.857 | 75.608 |
| 1 000 | 76.358 | | | | | | | | | |

（2）S 型（铂铑$_{10}$-铂）热电偶：属于贵重金属热电偶，正极为铂铑$_{10}$合金，负极为铂，使用温度范围 0～1 600℃。其耐热性、化学稳定性好，精度高，可以作为标准温度传感器使用，一般用于准确度要求较高的温度测量。但热电势值小，在还原性气体环境变脆（特别是氢、金属蒸气），补偿导线误差大，价格贵。S 型热电偶分度表如表 3-4 所示。

表 3-4　S 型热电偶分度表

| 温度/℃ | 0 | 10 | 20 | 30 | 40 | 50 | 60 | 70 | 80 | 90 |
|---|---|---|---|---|---|---|---|---|---|---|
| | 热电势/mV | | | | | | | | | |
| 0 | 0.000 | 0.055 | 0.113 | 0.173 | 0.235 | 0.299 | 0.365 | 0.432 | 0.502 | 0.573 |
| 100 | 0.645 | 0.719 | 0.795 | 0.872 | 0.950 | 1.029 | 1.109 | 1.190 | 1.273 | 1.356 |
| 200 | 1.440 | 1.525 | 1.611 | 1.698 | 1.785 | 1.873 | 1.962 | 2.051 | 2.141 | 2.232 |
| 300 | 2.232 | 2.414 | 2.506 | 2.599 | 2.692 | 2.786 | 2.880 | 2.974 | 3.069 | 3.164 |
| 400 | 3.260 | 3.356 | 3.452 | 3.549 | 3.645 | 3.743 | 3.840 | 3.938 | 4.036 | 4.135 |
| 500 | 4.234 | 4.333 | 4.432 | 4.532 | 4.632 | 4.732 | 4.832 | 4.933 | 5.034 | 5.136 |
| 600 | 5.237 | 5.339 | 5.442 | 5.544 | 5.648 | 5.751 | 5.855 | 5.960 | 6.064 | 6.169 |
| 700 | 6.274 | 6.380 | 6.486 | 6.592 | 6.699 | 6.805 | 6.913 | 7.020 | 7.128 | 7.236 |
| 800 | 7.345 | 7.454 | 7.563 | 7.672 | 7.782 | 7.892 | 8.003 | 8.114 | 8.225 | 8.336 |
| 900 | 8.448 | 8.560 | 8.673 | 8.786 | 8.899 | 9.012 | 9.126 | 9.240 | 9.355 | 9.470 |
| 1 000 | 9.585 | 9.700 | 9.816 | 9.932 | 10.048 | 10.165 | 10.282 | 10.400 | 10.517 | 10.635 |
| 1 100 | 10.754 | 10.872 | 10.991 | 11.110 | 11.229 | 11.348 | 11.467 | 11.587 | 11.707 | 11.827 |
| 1 200 | 11.947 | 12.067 | 12.188 | 12.308 | 12.429 | 12.550 | 12.671 | 12.792 | 12.913 | 13.034 |
| 1 300 | 13.155 | 13.276 | 13.397 | 13.519 | 13.640 | 13.761 | 13.883 | 14.004 | 14.125 | 14.247 |
| 1 400 | 14.368 | 14.489 | 14.610 | 14.731 | 14.858 | 14.973 | 15.094 | 15.215 | 15.336 | 15.456 |

续表

| 温度/℃ | 0 | 10 | 20 | 30 | 40 | 50 | 60 | 70 | 80 | 90 |
|---|---|---|---|---|---|---|---|---|---|---|
| | 热电势/mV | | | | | | | | | |
| 1 500 | 15. 576 | 15. 697 | 15. 817 | 15. 937 | 16. 057 | 16. 176 | 16. 296 | 16. 415 | 16. 534 | 16. 653 |
| 1 600 | 16. 771 | 16. 890 | 17. 008 | 17. 125 | 17. 245 | 17. 360 | 17. 477 | 17. 594 | 17. 711 | 17. 826 |
| 1 700 | 17. 942 | 18. 056 | 18. 170 | 18. 282 | 18. 394 | 18. 504 | 18. 612 | | | |

（3）E（镍铬－康铜）型热电偶：镍铬合金为正极，康铜为负极，使用温度范围 -200 ~ 900℃。在现有热电偶中灵敏度最高，比 J 型热电偶耐热性好，适于氧化性气体环境，价格低廉，但不适用于还原性气体环境。E 型热电偶分度表如表 3 -5 所示。

表 3 -5　E 型热电偶分度表

| 温度/℃ | 0 | 10 | 20 | 30 | 40 | 50 | 60 | 70 | 80 | 90 |
|---|---|---|---|---|---|---|---|---|---|---|
| | 热电势/mV | | | | | | | | | |
| 0 | 0. 000 | 0. 591 | 1. 192 | 1. 801 | 2. 419 | 3. 047 | 3. 683 | 4. 329 | 4. 983 | 5. 646 |
| 100 | 6. 317 | 6. 996 | 7. 683 | 8. 377 | 9. 078 | 9. 787 | 10. 501 | 11. 222 | 11. 949 | 12. 681 |
| 200 | 13. 419 | 14. 161 | 14. 909 | 15. 661 | 16. 417 | 17. 178 | 17. 942 | 18. 710 | 19. 481 | 20. 256 |
| 300 | 21. 033 | 21. 814 | 22. 597 | 23. 383 | 24. 171 | 24. 961 | 25. 754 | 26. 549 | 27. 345 | 28. 143 |
| 400 | 28. 943 | 29. 744 | 30. 546 | 31. 350 | 32. 155 | 32. 960 | 33. 767 | 34. 574 | 35. 382 | 36. 190 |
| 500 | 36. 999 | 37. 808 | 38. 617 | 39. 426 | 40. 236 | 41. 045 | 41. 853 | 42. 662 | 43. 470 | 44. 278 |
| 600 | 45. 085 | 45. 891 | 49. 697 | 47. 502 | 48. 306 | 49. 109 | 49. 911 | 50. 713 | 51. 513 | 52. 312 |
| 700 | 53. 110 | 53. 907 | 54. 703 | 55. 498 | 56. 291 | 57. 083 | 57. 873 | 58. 663 | 59. 451 | 60. 237 |
| 800 | 61. 022 | 61. 806 | 62. 588 | 63. 368 | 64. 147 | 64. 924 | 65. 700 | 66. 473 | 67. 245 | 68. 015 |
| 900 | 68. 783 | 65. 549 | 70. 313 | 71. 075 | 71. 835 | 72. 593 | 73. 350 | 74. 104 | 74. 857 | 75. 608 |
| 1 000 | 76. 358 | | | | | | | | | |

（4）J 型（铁－康铜）热电偶：铁为正极，康铜为负极，使用温度范围 -50 ~ 750℃。可使用于还原性气体环境，热电势较 K 型热电偶大 20%，价格较便宜，适用于中温区域。其缺点是正极易生锈，重复性不佳。J 型热电偶分度表如表 3 -6 所示。

表 3 -6　J 型热电偶分度表

| 温度/℃ | 0 | 10 | 20 | 30 | 40 | 50 | 60 | 70 | 80 | 90 |
|---|---|---|---|---|---|---|---|---|---|---|
| | 热电势/mV | | | | | | | | | |
| 0 | 0. 000 | 0. 507 | 1. 019 | 1. 536 | 2. 058 | 2. 585 | 3. 115 | 3. 649 | 4. 186 | 4. 725 |
| 100 | 5. 268 | 5. 812 | 6. 359 | 6. 907 | 7. 457 | 8. 008 | 8. 560 | 9. 113 | 9. 667 | 10. 222 |
| 200 | 10. 777 | 11. 332 | 11. 887 | 12. 442 | 12. 998 | 13. 553 | 14. 108 | 14. 663 | 15. 217 | 15. 771 |
| 300 | 16. 325 | 16. 879 | 17. 432 | 17. 984 | 18. 537 | 19. 089 | 19. 640 | 20. 192 | 20. 743 | 21. 295 |

| 温度/℃ | 0 | 10 | 20 | 30 | 40 | 50 | 60 | 70 | 80 | 90 |
|---|---|---|---|---|---|---|---|---|---|---|
| | 热电势/mV | | | | | | | | | |
| 400 | 21.846 | 22.397 | 22.949 | 23.501 | 24.054 | 24.607 | 25.161 | 25.716 | 26.272 | 26.829 |
| 500 | 27.388 | 27.949 | 28.511 | 29.075 | 29.642 | 30.210 | 30.782 | 31.356 | 31.933 | 32.513 |
| 600 | 33.096 | 33.683 | 34.273 | 34.867 | 35.464 | 36.066 | 36.671 | 37.280 | 37.893 | 38.510 |
| 700 | 39.130 | 39.754 | 40.382 | 41.013 | 41.647 | 42.288 | 42.922 | 43.563 | 44.207 | 44.852 |
| 800 | 45.495 | 46.144 | 46.790 | 47.434 | 48.076 | 48.716 | 49.354 | 49.989 | 50.621 | 51.249 |
| 900 | 51.875 | 52.496 | 53.115 | 53.729 | 54.341 | 54.948 | 55.553 | 56.155 | 56.753 | 57.349 |
| 1 000 | 57.942 | 58.533 | 59.12 | 59.708 | 60.293 | 60.876 | 61.459 | 62.039 | 62.619 | 63.199 |
| 1 100 | 63.777 | 64.355 | 64.933 | 65.510 | 66.087 | 66.664 | 67.240 | 67.815 | 68.390 | 68.964 |
| 1 200 | 69.536 | | | | | | | | | |

（5）K 型（镍铬－镍硅或镍铬－镍铝）热电偶：镍铬合金为正极，镍硅或镍铝合金为负极，使用温度范围 $-200 \sim 1\,200$℃。1 000℃以下稳定性、耐氧化性良好，热电势比 S 型大 4~5 倍，而且线性度更好，是非贵重金属中性能最稳定的一种，应用很广，但不适用于还原性气体环境，特别是一氧化碳、二氧化硫、硫化氢等气体。K 型热电偶分度表如表 3－7 所示。

表 3－7　K 型热电偶分度表

| 温度/℃ | 0 | 10 | 20 | 30 | 40 | 50 | 60 | 70 | 80 | 90 |
|---|---|---|---|---|---|---|---|---|---|---|
| | 热电势/mV | | | | | | | | | |
| 0 | 0.000 | 0.397 | 0.798 | 1.203 | 1.611 | 2.022 | 2.436 | 2.850 | 3.266 | 3.681 |
| 100 | 4.095 | 4.508 | 4.919 | 5.327 | 5.733 | 6.137 | 6.539 | 6.939 | 7.338 | 7.737 |
| 200 | 8.137 | 8.537 | 8.938 | 9.341 | 9.745 | 10.151 | 10.560 | 10.969 | 11.381 | 11.793 |
| 300 | 12.207 | 12.623 | 13.039 | 13.456 | 13.874 | 14.292 | 14.712 | 15.132 | 15.552 | 15.974 |
| 400 | 16.395 | 16.818 | 17.241 | 17.664 | 18.088 | 18.513 | 18.938 | 19.363 | 19.788 | 20.214 |
| 500 | 20.640 | 21.066 | 21.493 | 21.919 | 22.346 | 22.772 | 23.198 | 23.624 | 24.050 | 24.476 |
| 600 | 24.902 | 25.327 | 25.751 | 26.176 | 36.599 | 27.022 | 27.445 | 27.867 | 28.288 | 28.709 |
| 700 | 29.128 | 29.547 | 29.965 | 30.383 | 30.799 | 31.214 | 31.214 | 32.042 | 32.455 | 32.866 |
| 800 | 33.277 | 33.686 | 34.095 | 34.502 | 34.909 | 35.314 | 35.718 | 36.121 | 36.524 | 36.925 |
| 900 | 37.325 | 37.724 | 38.122 | 38.915 | 38.915 | 39.310 | 39.703 | 40.096 | 40.488 | 40.879 |
| 1 000 | 41.269 | 41.657 | 42.045 | 42.432 | 42.817 | 43.202 | 43.585 | 43.968 | 44.349 | 44.729 |
| 1 100 | 45.108 | 45.486 | 45.863 | 46.238 | 46.612 | 46.985 | 47.356 | 47.726 | 48.095 | 48.462 |
| 1 200 | 48.828 | 49.192 | 49.555 | 49.916 | 50.276 | 50.633 | 50.990 | 51.344 | 51.367 | 52.049 |
| 1 300 | 52.398 | 52.747 | 53.093 | 53.439 | 53.782 | 54.125 | 54.466 | 54.807 | | |

### 3.2.5　热电偶的结构形式

热电偶的基本结构是热电极、绝缘材料和保护管；并与显示仪表、记录仪表或计算机等配套使用。在现场使用中根据环境、被测介质等多种因素研制成适合各种环境的热电偶。热电偶简单分为装配式热电偶、铠装式热电偶和特殊形式热电偶；按使用环境细分为耐高温热电偶、耐磨热电偶、耐腐热电偶、耐高压热电偶、隔爆热电偶、铝液测温用热电偶、循环流化床用热电偶、水泥回转窑炉用热电偶、阳极焙烧炉用热电偶、高温热风炉用热电偶、汽化炉用热电偶、渗碳炉用热电偶、高温盐浴炉用热电偶、铜/铁及钢水用热电偶、抗氧化钨铼热电偶、真空炉用热电偶等。

### 3.2.6　补偿导线的分类

#### 1. 延长型补偿导线

延长型补偿导线简称延长型导线。对于由廉价材料制成的热电偶，补偿导线可使用与匹配的热电偶相同的材料制成，相当于把热电偶的电极延长到指示仪表，故称延长型补偿导线，用字母"X"附在热电偶分度号之后表示。例如，"KX"表示 K 型热电偶用延长型补偿导线。

#### 2. 补偿型补偿导线

补偿型补偿导线简称补偿型导线。对于由贵重材料制成的热电偶，补偿导线可使用与匹配的热电偶不同的材料制成，但其热电势值在 0～100℃或 0～200℃范围内与配用热电偶的热电势标称值应相同，用字母"C"附在热电偶分度号之后表示。例如，"KC"表示 K 型热电偶用补偿型补偿导线。同一分度号的热电偶，可能有不同类型的补偿导线可以与之匹配，这时用附加字母区别，如 KCA、KCB。

常用补偿导线与热电偶的匹配如表 3 - 8 所示。

表 3 - 8　常用补偿导线与热电偶的匹配

| 型号 | 名称 | 正、负极的材料名称 | | 适配热电偶分度号 |
| --- | --- | --- | --- | --- |
| | | 正极 | 负极 | |
| SC 或 RC | 铜 - 铜镍补偿线 | 铜 | 铜镍 1.1 | S 和 R |
| KCA | 铁 - 铜镍补偿线 | 铁 | 铜镍 22 | K |
| KCB | 铜 - 铜镍补偿线 | 铜 | 铜镍 40 | |
| KX | 镍铬 - 镍硅延长线 | 镍铬 10 | 镍硅 3 | |
| NC | 铁 - 铜镍 18 补偿导线 | 铁 | 铜镍 18 | N |
| NX | 镍铬硅 - 镍硅延长线 | 镍铬 11 硅 | 镍硅 4 | |
| EX | 镍铬 - 铜镍延长线 | 镍铬 10 | 铜镍 45 | E |
| JX | 铁 - 铜镍延长线 | 铁 | 铜镍 45 | J |
| TX | 铜 - 铜镍延长线 | 铜 | 铜镍 45 | T |

### 3.2.7 热电偶的安装

热电偶温度传感器在工业生产测温中有着非常广泛的应用，热电偶的选择首先应根据被测温度的上限，正确地选择热电偶的热电极及保护套管；根据被测对象的结构及安装特点，选择热电偶的规格及尺寸。热电偶按结构形式可分为普通工业型、铠装型及特殊型等。

铠装热电偶是由热电极、绝缘材料和金属套管三者组合加工而成，它可以做得很细很长，在使用中可以随测量需要进行弯曲，其特点是：热惯性小、热接点处的热容量小、寿命较长、适应性强等，应用广泛。

热电偶安装时应尽可能靠近所要测的温度控制点。为防止热量沿热电偶传走或防止保护管影响被测温度，热电偶应浸入所测流体之中，深度至少为直径的 10 倍。当测量固体温度时，热电偶应当顶着该材料或与该材料紧密接触。为了使导热误差减至最小，应减小接点附近的温度梯度。

当用热电偶测量管道中的气体温度时，如果管壁温度明显地较高或较低，则热电偶将对之辐射或吸收热量，从而显著改变被测温度。这时，可以用一辐射屏蔽罩来使其温度接近气体温度，采用所谓的屏罩式热电偶。

选择测温点时应具有代表性，例如测量管道中流体温度时，热电偶的测量端应处于管道中流速最大处。一般来说，热电偶的保护套管末端应越过流速中心线。

实际使用时特别要注意补偿导线的使用。通常接在仪表和接线盒之间的补偿导线，其热电性质与所用热电偶相同或相近，与热电偶连接后不会产生大的附加热电势，不会影响热电偶回路的总热电势。如果用普通导线来代替补偿导线，就起不到补偿作用，从而降低测温的准确性。尤其应注意：补偿导线与热电偶连接时，极性切勿接反，否则测温误差反而增大。

实际测量中，如果测量值偏离实际值太多，除热电偶安装位置不当外，还有可能是热电偶丝被氧化、热电偶热端焊点出现砂眼等。

# 3.3 电阻式温度传感器

利用导体和半导体的电阻值随温度变化这一性质做成的温度计称为电阻温度计。大多数金属（热电阻）在温度升高 1℃时电阻将增加 0.4% ~ 0.6%。但半导体电阻（热敏电阻）一般随温度升高而减小，其灵敏度比金属高，每升高 1℃，电阻减小 2% ~ 6%。

热电阻广泛用来测量 −200 ~ 500℃范围内的温度，少数情况下，低温可测量至 1 K，高温达 1 000℃。目前由纯金属制造的热电阻的主要材料是铂、铜和镍，它们已得到广泛的应用。

### 3.3.1 热电阻传感器

#### 1. 常用热电阻的基本结构和工作原理

热电阻由电阻体、保护套和接线盒等部件组成。其结构形式可根据实际使用制作成各种形状。

用于制造热电阻的材料应具有尽可能大和稳定的电阻温度系数和电阻率，$R_t$ 关系最好呈线性，物理化学性能稳定，复现性好等。目前最常用的热电阻有铂热电阻和铜热电阻。

1）铂热电阻

铂热电阻的特点是精度高、稳定性好、性能可靠，所以在温度传感器中得到了广泛应用。按 IPTS - 68 标准，在 -259.34 ～ +630.74℃温域内，以铂电阻温度计作为基准器。

铂热电阻的温度特性在 0 ～ 630.74℃ 为

$$R_t = R_0(1 + At + Bt^2) \tag{3-12}$$

在 -190 ～ 0℃ 为

$$R_t = R_0[1 + At + Bt^2 + C(t - 100)t^3] \tag{3-13}$$

式中，$R_t$——温度为 $t$℃的阻值；

$R_0$——温度为 0℃时的阻值；

$A$——分度系数，取 $3.940 \times 10^{-3}/℃$；

$B$——分度系数，取 $-5.84 \times 10^{-7}/℃$；

$C$——分度系数，取 $-4.22 \times 10^{-12}/℃$。

热电阻在温度 $t$℃时的电阻值与 $R_0$ 有关。目前我国规定工业用铂热电阻有 $R_0 = 50\ \Omega$ 和 $R_0 = 100\ \Omega$ 两种，它们的分度号分别为 Pt50（$R_0 = 50\ \Omega$）和 Pt100（$R_0 = 100\ \Omega$），其中以 Pt100 为常用。铂热电阻不同分度号有相应分度表，即 $R_t - t$ 的关系表，这样在实际测量中，只要测得热电阻的阻值 $R_t$，便可从分度表上查出对应的温度值。

铂热电阻中的铂丝纯度用电阻比 $W_{100}$ 表示，它是铂热电阻在 100℃时电阻值 $R_{100}$ 与 0℃时电阻值 $R_0$ 之比。按 IEC 标准，工业使用的铂热电阻的 $W_{100} > 1.385$。

Pt100 具有正温度系数，通常用白金线绕制完成后，会放入保护管中，保护管可用玻璃、不锈钢等材料制成，为了配合不同的测试环境，可使用不同的长度与外径，保护管内空隙以氧化物陶瓷及黏合剂填充。Pt100 热电阻外观如图 3 - 9 所示。

**例 3 - 5** 已知铂热电阻温度计 0℃时电阻为 100 Ω，100℃时电阻为 139 Ω，当它与某热介质接触时，电阻值增至 281 Ω，试确定该介质温度。

**解：**铂热电阻温度计 0℃时电阻为 100 Ω，100℃时电阻为 139 Ω；

可通过查分度表得：当电阻值增至 281 Ω 时，介质温度为 500℃。

图 3 - 9　Pt100
热电阻外观

2）铜电阻

由于铂是贵重金属材料，因此，在一些测量精度要求不高且温度较低的场合，可采用铜热电阻进行测温，它的测量范围为 -50 ～ 150℃。铜热电阻在测量范围内其电阻值与温度的关系几乎是线性的，可近似地表示为

$$R_t = R_0(1 + \alpha t) \tag{3-14}$$

式中，$\alpha = 4.28 \times 10^{-3}/℃$。

铜热电阻线性好、价格便宜，但它电阻率较低且在 100℃以下易氧化，不适宜在腐蚀性介质或高温下工作。铜热电组的两种分度号为 Cu50（$R_0 = 50\ \Omega$）和 Cu100（$R_0 = 100\ \Omega$）。

### 2. 热电阻的测量电路

热电阻测温精度高、适于测低温。传感器的测量电路经常使用电桥，其中精度较高的是自动电桥。由于热电阻的电阻值很小，所以导线电阻值不可忽略。热电阻传感器内部引线方式有二线制、三线制和四线制 3 种。热电阻内部引线方式示意图如图 3 – 10 所示。

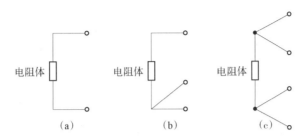

图 3 – 10　热电阻内部引线方式示意图
(a) 二线制；(b) 三线制；(c) 三线制

二线制中引线电阻对测量影响大，用于测温精度不高的场合。

三线制可以减小热电阻与测量仪表之间连接导线的电阻因环境温度变化所引起的测量误差。

四线制可以完全消除引线电阻对测量的影响，用于高精度温度检测。

工业用铂电阻测温常采用三线制和四线制连接法。

三线制接法示意图如图 3 – 11 所示，四线制接法示意图如图 3 – 12 所示。图 3 – 11 中，G 是检流计，$R_1$、$R_2$、$R_3$ 是固定电阻，$r_0$、$r_1$、$r_2$、$r_3$ 是引线电阻，$R_a$ 是零位调节电阻，$R_t$ 是热电阻。当 $U_A = U_B$ 时，电桥平衡，调节 $R_a$ 可消除引线电阻的影响。

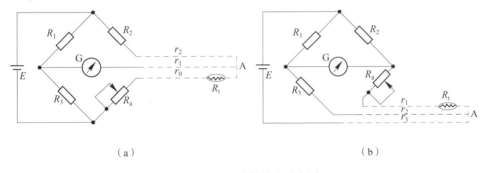

（a）　　　　　　　　　　　　　　　　（b）

图 3 – 11　三线制接法示意图

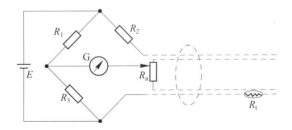

图 3 – 12　四线制接法示意图

**例 3 – 6**　简述热电阻传感器引线方法及应用场合。

答：由于热电阻的电阻值很小，所以导线电阻值不可忽略。热电阻传感器内部引线方式有二线制、三线制和四线制 3 种。

二线制中引线电阻对测量影响大，用于测温精度不高的场合。

三线制可以减小热电阻与测量仪表之间连接导线的电阻因环境温度变化所引起的测量误差。

四线制可以完全消除引线电阻对测量的影响，用于高精度温度检测。

工业用铂电阻测温常采用三线制和四线制连接法。

**例 3-7** 热电偶冷端温度自动补偿电路如图 3-13 所示。设补偿电桥的四个桥臂电阻 $R_t$ 由电阻温度系数极大的铜丝制成，$R_2$、$R_3$、$R_4$ 为阻值相等的桥臂平衡电阻。试回答下列问题：

（1）根据下图建立电压方程式；

（2）分析 $R_t$ 应选择何种类型（正温度系数或负温度系数）；

（3）简述温度自动补偿过程。

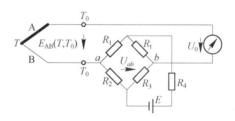

图 3-13 热电偶冷端温度自动补偿电路

答：

（1）由回路电压定律可得

$$E_{AB}(T, T_0) + U_{ab} - U_0 = 0$$

（2）$R_t$ 应选择正温度系数类型的电阻。

（3）补偿前：

$$T_0 \uparrow \rightarrow E_{AB}(T, T_0) \downarrow \rightarrow U_{ab} = c \rightarrow U_0 \downarrow$$

补偿后：

$$T_0 \uparrow \rightarrow E_{AB}(T, T_0) \downarrow \rightarrow U_{ab} \uparrow \rightarrow U_0 \uparrow$$

最终使 $U_0$ 不随 $T$ 的波动变化，而是关于热端 $T$ 的单值函数。

## 3.3.2 热敏电阻传感器

热敏电阻是用一种半导体材料制成的敏感元件，其特点是电阻随温度变化而显著变化，能直接将温度的变化转换为能量的变化。制造热敏电阻的材料很多，如锰、铜、镍、钴和钛等氧化物，它们按一定比例混合后压制成型，然后在高温下焙烧而成。

热敏电阻具有灵敏度高、体积小、较稳定、制作简单、寿命长、易于维护、动态特性好等优点，因此得到较为广泛的应用，尤其是应用于远距离测量和控制中。

### 1. 热敏电阻的工作原理

按半导体电阻随温度变化的典型特性分为三种类型，即负温度系数热敏电阻（NTC）、正温度系数热敏电阻（PTC）和在某一特定温度下电阻值会发生突变的临界温度电阻器（CTR）。热敏电阻温度特性曲线如图 3 – 14 所示。

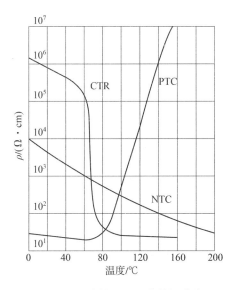

图 3 – 14　热敏电阻温度特性曲线

大多数热敏电阻为负温度系数（NTC），即温度越高，阻值越小。从图 3 – 14 中也能看出负温度系数热敏电阻的电阻温度特性有明显的非线性，这类型热敏电阻特别适用于 – 100 ～ + 300℃测温。

正温度系数热敏电阻（PTC）的阻值随温度升高而增大，且有斜率最大的区域，当温度超过某一数值时，其电阻值朝正的方向快速变化。其用途主要是彩电消磁、各种电气设备的过热保护等。

临界温度系数热敏电阻（CTR），也具有负温度特性系数，但在某个温度范围内电阻值急剧下降，曲线斜率在此区段特别陡，灵敏度极高。CTR 主要用作温度开关。

各种热敏电阻的阻值在常温下很大，不必采用三线制或四线制接法，给使用带来方便。

## 2. 热敏电阻的主要特性（NTC）

### 1）电阻 – 温度特性

NTC 热敏电阻的导电性能取决于内部载流子（电子和空穴）密度和迁移率，当温度升高时，外层电子在热激发下大量成为载流子，使载流子的密度增加，活动能力大大加强，从而导致其阻值急剧下降。

电阻与温度之间的关系近似负指数关系，可用下面公式来表示：

$$R_T = R_0 e^{B\left(\frac{1}{T} - \frac{1}{T_0}\right)} \tag{3 – 15}$$

式中，$R_T$——温度为 $T$ 时的电阻值；

$R_0$——温度为 $T_0$ 时的电阻值；

$B$——材料常数；

$T$、$T_0$——热敏电阻的绝对温度（开尔文 K）。

为了使用方便，生产厂商一般取 $T_0 = 25℃$，$T = 100℃$，作为热敏电阻材料常数 $B$ 的取值，则有

$$B = \frac{\ln(R_T/R_{T_0})}{1/T - 1/T_0} = \frac{\ln(R_{100}/R_{25})}{1/373 - 1/298} = 1\,482\ln\frac{R_{25}}{R_{100}} = 常数 \tag{3-16}$$

式中，$R_{100}$——100℃时的电阻值。

$R_{25}$——25℃时的电阻值。

2）温度系数

热敏电阻本身温度变化1℃时电阻值的相对变化量，称为热敏电阻的温度系数，可由下式表示：

$$\alpha = \frac{1}{R_T}\frac{\mathrm{d}R_T}{\mathrm{d}_T} = -\frac{B}{T^2} \tag{3-17}$$

式中，$B$——热敏电阻的材料常数；

$\alpha$——热敏电阻的灵敏度。

由上式可知，$\alpha$ 随温度 $T$ 的降低而迅速增大，即热敏电阻的阻值对温度变化灵敏度高，约为金属热电偶的 10 倍。

**例 3-8** 某热敏电阻，其 $B$ 值为 2 900 K，若冰点电阻为 500 kΩ，求热敏电阻在 100℃时的阻值。

**解：**

$$R = R_0 \mathrm{e}^{B\left(\frac{1}{T} - \frac{1}{T_0}\right)} = 500\mathrm{e}^{2\,900\left(\frac{1}{373} - \frac{1}{273}\right)} = 28.98(\mathrm{k}\Omega)$$

**例 3-9** 已知某负温度系数的热敏电阻，在温度为 298 K 时阻值 $R_{T_1} = 3\,144\ \Omega$；当温度为 303 K 时阻值 $R_{T_2} = 2\,772\ \Omega$，试求该热敏电阻的材料常数 $B_n$ 和 298 K 时的电阻温度系数 $\alpha$ 是多少？

**解：** 已知

$$T_1 = 298\ \mathrm{K}, R_{T_1} = 3\,144\ \Omega, T_2 = 303\ \mathrm{K}, R_{T_2} = 2\,772\ \Omega$$

解出材料常数

$$B_n = \frac{\ln R_{T_1} - \ln R_{T_2}}{\frac{1}{T_1} - \frac{1}{T_2}} = \frac{\ln 3\,114 - \ln 2\,772}{\frac{1}{298} - \frac{1}{303}} = 2\,275\ (\mathrm{K})$$

$$\alpha_{tn} = \frac{1}{R_T}\frac{\mathrm{d}R_T}{\mathrm{d}_T} = -\frac{B_n}{T^2}$$

$$= -\frac{2\,275}{298^2} = -2.56\%\,\mathrm{K}$$

# 3.4 红外温度传感器

## 3.4.1 红外测温的原理

在自然界中，当物体的温度高于绝对零度（-273.15℃）时，由于它内部热运动的存在，就会不断地向四周辐射电磁波，其中就包含了波段位于 0.75 ~ 1 000 μm 的红外线。红外辐射作为热辐射的一种形式，热辐射的核心理论同样适用，包括透射、反射和吸收定律、基尔霍夫定律以及昔朗克定律，它们为红外测温建立理论基础。

在给定的温度和波长下，物体发射的辐射能有一个最大值，这种物质称为黑体，并设定它的反射系数为1，其他的物质反射系数小于1。

由斯忒藩－玻耳兹曼热辐射定律，可得到黑体的总辐出度 $P_b(\lambda T)$ 与温度 $T$ 间的关系为

$$P_b(\lambda T) = \sigma T^4 \tag{3-18}$$

式中，$P_b(\lambda T)$——温度为 $T$ 时，单位时间从黑体单位面积上辐射出的总辐射能，称为总辐
　　　　射度，$W/m^2$；

　　　$\sigma$——斯忒藩－玻耳兹曼常量；

　　　$T$——物体绝对温度；

　　　$\lambda$——波长。

式（3-18）黑体的热辐射定律，正是红外测温技术的理论基础。在条件相同的情况下，物体在同一波长范围内辐射的功率总是小于黑体的功率，即物体的单色总辐射度 $P_b(\lambda T)$ 小于黑体的单色辐出度 $P(T)$，将它们之比称为物体的单色黑度 $\varepsilon(\lambda)$，即实际物体接近黑体的程度：

$$\varepsilon(\lambda) = P(T)/P_b(\lambda T) \tag{3-19}$$

考虑到物体的单色黑度 $\varepsilon(\lambda)$ 是不随波长变化的常数，即 $\varepsilon(\lambda) = \varepsilon$，称此物体为灰体。$\varepsilon$ 随物质不同而取不同值，即使是同一种物质因其结构的不同而取值也不同。对黑体有 $\varepsilon = 1$，而一般灰体 $0 < \varepsilon < 1$，则有

$$P(T) = \varepsilon P_b(\lambda T) = \varepsilon \sigma T^4 \tag{3-20}$$

于是，得到所测物体的温度为

$$T = \left[\frac{P(T)}{\varepsilon\sigma}\right]^{\frac{1}{4}} \tag{3-21}$$

式（3-21）正是物体的热辐射测温的数学描述。

红外测温仪是根据物体的红外辐射特性，依靠其内部光学系统将物体的红外辐射能量汇聚到探测器（传感器），并转换成电信号，再通过放大电路、补偿电路及线性处理后，在显示终端显示被测物体温度的仪表。红外辐射测温仪主要由光学系统、光电探测器、信号放大器及信号处理电路、显示输出等部分组成，其核心是探测器，将入射辐射能转换成可测量的电信号。图 3-15 所示为红外辐射测温仪结构原理图。

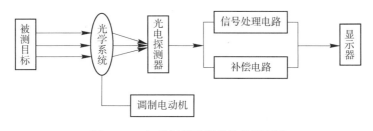

图 3-15　红外辐射测温仪结构原理图

光学系统可以是透射式光学系统，也可以是反射式光学系统。透射式光学系统的部件是用红外光学材料制成的，根据红外波长选择光学材料。测量高温（700℃以上）仪表，有用

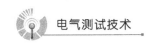

波段主要在 0.76 ~ 3 μm 的近红外区, 可选用一般光学玻璃或石英等材料。测量中温 (100 ~ 700℃) 仪表, 有用波段主要在 3 ~ 5 μm 的中红外区, 多采用氟化镁、氧化镁等热压光学材料。测量低温 (100℃ 以下) 仪表, 有用波段主要在 5 ~ 14 μm 的中远红外波段, 多采用锗、硅、热压硫化锌等材料。一般还在镜片表面蒸镀红外增透层, 一方面滤掉不需要的波段, 另一方面增大有用波段的透射率。反射式光学系统多用凹面玻璃反射镜, 表面镀金、铝或镍铬等在红外波段反射率很高的材料。

调制器就是把红外辐射调制成交变辐射的装置。一般是用微电动机带动一个齿轮盘或等距离孔盘, 通过齿轮盘或带孔盘旋转, 切割入射辐射而使投射到红外传感器上的辐射信号成为交变信号。因为系统对交变信号处理比较容易, 并能获得较高的信噪比, 红外传感器是接收目标辐射并转换为电信号的器件。选用哪种传感器要根据目标辐射的波段与能量等实际情况确定。

## 3.4.2  红外测温的特点

从上面介绍可以看出, 红外测温是比较先进的测温方法。红外测温的特点如下:

(1) 红外测温是远距离和非接触测温, 特别适合于高速运动物体、带电体、高温及高压物体的温度测量。

(2) 红外测温反应速度快。它不需要与物体达到热平衡的过程, 只要接收到目标的红外辐射即可定温。反应时间一般都在毫秒级甚至微秒级。

(3) 红外测温灵敏度高。因为物体的辐射能量与温度的四次方成正比。物体温度微小的变化, 就会引起辐射能量较大的变化, 红外传感器即可迅速地检测出来。

(4) 红外测温准确度较高。由于是非接触测量, 不会破坏物体原来温度分布状况。红外测温准确度可达到 0.1 ℃ 以内, 甚至更小, 因此测出的温度比较真实。

(5) 红外测温范围广泛。可测零下几十摄氏度到零上几千摄氏度的温度范围。红外温度测量方法几乎可在所有温度测量场合使用。

## 3.4.3  常见红外温度传感器

红外温度传感器也称为红外探测器, 是能将红外辐射能转换成电能的光敏器件。它是红外探测系统的关键部件, 它的性能好坏将直接影响系统性能的优劣。因此, 选择合适的、性能良好的红外温度传感器, 对于红外探测系统是十分重要的。常见红外温度传感器有热敏电阻型、热电偶型、高莱气动型和热释电型四种。

### 1. 热敏电阻型红外温度传感器

热敏电阻是由锰、镍、钴的氧化物混合后烧结而成的。热敏电阻一般制成薄片状, 当红外辐射照射在热敏电阻上时, 其温度升高, 电阻值减小。测量热敏电阻值变化的大小, 即可得知入射的红外辐射的强弱, 从而可以判断产生红外辐射物体的温度。热敏电阻型红外温度传感器的结构和外形如图 3 – 16 所示。

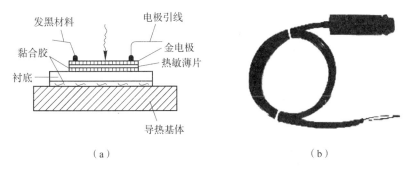

图 3 – 16　热敏电阻型红外温度传感器结构及外形

(a) 结构; (b) 外形

## 2. 热电偶型红外温度传感器

热电偶是由热电功率差别较大的两种金属材料（如铋 – 银、铜 – 康铜、铋 – 铋锡合金等）构成的。当红外辐射入射到这两种金属材料构成的闭合回路的接点上时，该接点温度升高。而另一个没有被红外辐射辐照的接点处于较低的温度，此时在闭合回路中将产生温差电流。同时回路中产生温差电势，温差电势的大小反映了接点吸收红外辐射的强弱。

利用温差电势现象制成的红外温度传感器称为热电偶型红外温度传感器，因其时间常数较大，响应时间较长，动态特性较差，调制频率应限制在 10 Hz 以下。

## 3. 高莱气动型红外温度传感器

高莱气动型红外温度传感器是利用气体吸收红外辐射后温度升高、体积增大的特性，来反映红外辐射的强弱。高莱气动型红外温度传感器结构和外形如图 3 – 17 所示。它有一个气室，以一个小管道与一块柔性薄片相连。薄片的背向管道一面是反射镜。气室的前面附有吸收膜，它是低热容量的薄膜。红外辐射通过窗口入射到吸收膜上，吸收膜将吸收的热能传给气体，使气体温度升高，进而气压增大，从而使柔镜移动。在气室的另一边，一束可见光通过栅状光栏聚焦在柔镜上，经柔镜反射回来的栅状图像又经过光栅投射到光电管上。当柔镜因压力变化而移动时，栅状图像与光栅发生相对位移，使落到光电管上的光量发生改变，光电管的输出信号也发生改变，这个变化量就反映出入射红外辐射的强弱。这种传感器的特点是灵敏度高，性能稳定；但响应时间长，结构复杂，强度较差，只适合于实验室内使用。

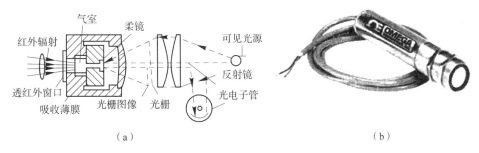

(a)　　　　　　　　　　　　　　　　　　　　(b)

图 3 – 17　高莱气动型传感器结构及外形

(a) 结构; (b) 外形

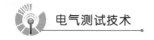

### 4. 热释电型红外温度传感器

热释电型红外温度传感器是一种具有极化现象的热晶体或称"铁电体"。铁电体的极化强度（单位面积上的电荷）与温度有关。当红外辐射照射到已经极化的铁电体薄片表面上时，引起薄片温度升高，使其极化强度降低，表面电荷减少，这相当于释放一部分电荷，所以称为热释电型红外温度传感器。如果将负载电阻与铁电体薄片相连，则负载电阻上便产生一个电信号输出。输出信号的大小取决于薄片温度变化的快慢，从而反映出入射的红外辐射的强弱。由此可见，热释电型红外温度传感器的电压响应率正比于入射辐射变化的速率。当恒定的红外辐射照射在热释电型红外温度传感器上时，传感器没有电信号输出。只有铁电体温度处于变化过程中，才有电信号输出。所以，必须对红外辐射进行调制（或称斩光），使恒定的辐射变成交变辐射，不断地引起传感器的温度变化，才能导致热释电产生，并输出交变的信号。

# 3.5 温度传感器的应用

## 3.5.1 浴池水温控制器

用锅炉蒸汽将水加热的浴池，要使浴池水的温度达到适用的温度，常用人工调节蒸汽阀门并靠人的感觉探知水温，很不方便。浴池水温控制器可实现浴池水温的自动控制。浴池水温控制器的电路原理如图 3 – 18 所示。两个温度传感器采用电接点玻璃水银温度计，用它来设定浴池水温的上下限。PSSR 为固态继电器，它起着隔离交流电和水温自控无触点交流开关的双重作用。

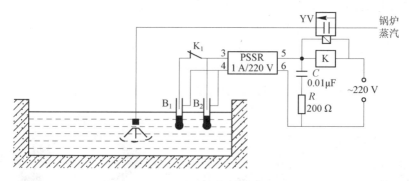

图 3 – 18　浴池水温控制器电路原理

当浴池水温低于设定的下限温度 $T_L$ 时，传感器 $B_1$、$B_2$ 水银接点均处断开状态，PSSR 的低无源电阻控制端 3、4 开路，其交流无触点输出端 5、6 接通，电磁阀 YV 通电打开阀门，锅炉蒸汽便通过管道注入浴池水中加热。当水温加热到下限温度 $T_L$ 以上时，传感器 $B_1$ 的水银接点接通，但由于继电器 K 一直处于工作状态，其常闭触点 $K_1$ 为开路状态，所以浴池加热仍继续进行。当水温升到设定的上限温度 $T_H$ 时，传感器 $B_2$ 的水银接点接通，PSSR 的 3、4 端接通，输出端 5、6 断开，电磁阀 YV 断电关闭，停止给浴池水加热。与此同时继电器 K 停止工作，其触点 K₁ 回到常闭状态。随着水温的降低，在水温处于 $T_L$ 和 $T_H$ 之间时，由于 K₁ 闭合，B₁ 的水银接点也处于接通状态，电磁阀 YV 仍不会工作。只有当浴池水温降低到下限温度以下时，B₁ 的水银接点断开，PSSR 的 5、6 端回到接通状态，电磁阀又重新开启，蒸汽又给浴池水加热。

### 3.5.2 压电晶体极化温度控制器

在压电晶体生产工艺中，压电晶体只有经过极化处理，才会使晶体内的小电畴取向一致，而使其具有压电特性。为保证极化效果，通常把晶体加热到接近居里点温度条件下进行极化。图 3 – 19 所示为实用的压电晶体极化温度控制器电路。温度传感器采用可调式电接点玻璃温度计，当温度在设定温度以下时，A、B 端子间为开路状态，VT₁ 基极为低电位，VT₁ 截止，继电器 K₁、K₂ 均不工作，由于继电器 K₂ 触点 K₂₋₁ 为常闭，加热器加热。当温度达设定温度时，A、B 端子间为导通状态，VT₁ 导通，继电器 K₁ 和 K₂ 均工作，K₂ 触点 K₂₋₁ 断开，加热器停止加热。

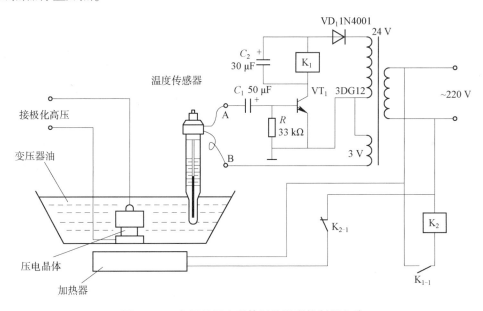

图 3 – 19　实用的压电晶体极化温度控制器电路

### 3.5.3 无触点恒温控制器

无触点恒温控制器电路如图 3 – 20 所示。

温度传感器采用双金属温度传感器，晶闸管 VS₁ 和 VS₂ 的控制极分别接传感器两个输出触点。当自动控温时，把双金属传感器的温度调节旋钮调到所需的温度刻度上。在此温度的下限，双金属温度传感器的两个触点闭合，使晶闸管 VS₁ 和 VS₂ 在交流电正负半周内分别导通，于是给电热丝 $R_L$ 通电，使烘箱内温度升高。当温度升到设定限度时，双金属温度传感器触点断开，晶闸管 VS₁ 和 VS₂ 均处于截止状态，停止给电热丝 $R_L$ 通电，温度下降；当温度降低到规定温度的下限时，两个触点又闭合，重复上述的加热过程。

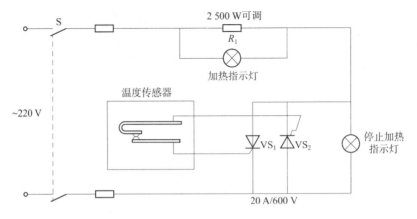

图 3 - 20    无触点恒温控制器电路

# 习 题

**1. 填空**

（1）热电偶回路产生的热电势由（        ）电势和（        ）电势两部分组成。

（2）热电偶的分度表是冷端温度在 0℃ 时的条件下得到的，它描述热端（        ）与热电势的对应关系。

（3）传感器输入量一般是（        ）量，转换成的输出量是电量。

（4）按照热电偶本身的结构划分，有（        ）热电偶、铠装热电偶、薄膜热电偶。

（5）热电偶的分度表是冷端温度在（    ）℃ 时的条件下得到的，它描述热端温度与热电势的对应关系。

（6）热电偶的分度表是冷端温度在 0℃ 时的条件下得到的，它描述热端温度与（        ）的对应关系。

（7）当被测（        ）变化时，热电阻的电阻值也发生变化。

（8）温度传感器的被测量是（        ）。

（9）热电偶中的热电势的大小仅与电极的（        ）及其两端温度差有关，而与热电极尺寸、形状及温度分布无关。

（10）在热电偶回路中接入第三导体后，只要第三种导体连接端的温度相同，就不会影响热电偶回路的（        ）。

（11）国家已定型批量生产了标准化热电偶。它具有良好的互换性，有统一的（        ）表，并有与之配套的记录和显示仪表，给生产和使用带来方便。

（12）一般来说，纯金属热电偶容易复制，但（        ）差；非金属热电极复制性和稳定性都差，所以合金热电极用得最多。

（13）若热电偶的冷端保持 0℃，热端温度为 0℃，则输出的热电势数值为（        ）。

**2. 判断**

（1）热电势的大小只与热电极的材料性质和两接点的温度有关，而与热电偶的形状和尺寸无关。
（        ）

(2) 如果热电偶的两个热电极材料不同，而两个接触点的温度相同，则回路中的热电势为零。　　　　　　　　　　　　　　　　　　　　　　　　　　（　　　）

(3) 热电偶传感器的中间导体定律保证了接入热电偶回路中的第三甚至第四种导体只要它们连接端的温度相同就一定不会影响回路的总电势。　　　　　　　　　（　　　）

(4) 将温度转换为电势大小的热电式传感器叫热电偶。　　　　　　　　（　　　）

(5) 热电偶的两个热电极可以使用相同的材料。　　　　　　　　　　　（　　　）

(6) 接触电势是由于两种不同导体的自由电子密度不同而在接触处形成的电动势。
　　　　　　　　　　　　　　　　　　　　　　　　　　　　　　　　（　　　）

(7) 热电偶的工作机理是导体的热电效应，而热电势的产生必须具备两个条件，即两种导体材质不同且两个接点的温度不同。　　　　　　　　　　　　　　　（　　　）

(8) 将温度转换为电阻值大小的热电式传感器叫作热电阻。　　　　　　（　　　）

(9) 由均质材料构成的热电偶，热电势的大小与导体材料及导体中间温度有关，与热电偶尺寸、形状及电极温度分布无关。　　　　　　　　　　　　　　　　（　　　）

(10) 如果参考端温度 $T_0$ 恒定不变，则对给定材料的热电偶，其热电势就只与工作端温度 $T$ 成多值函数关系。　　　　　　　　　　　　　　　　　　　　（　　　）

**3. 选择**

(1) 热电偶回路中产生的热电势由（　　　）组成。（多选）

A. 感应电动势

B. 单一导体的温差电动势

C. 两不同导体的接触电动势

D. 切割电动势

(2) 物质的电阻率随（　　　）变化而变化的物理现象称为热电阻效应。

A. 电压　　　　　B. 温度　　　　　C. 电流　　　　　D. 振动

(3) 一个热电偶产生的热电势为 $E_0$，当打开其冷端串接与两热电极材料不同的第三根金属导体时，若保证已打开的冷端的温度与未打开时相同，则回路中的电动势（　　　）。

A. 增加　　　　　B. 减小　　　　　C. 不确定　　　　D. 不变

(4) 在热电偶回路中接入第三导体后，（　　　）就不会影响热电偶回路的总热电势。

A. 只要第三种导体线径相同

B. 只要第三种导体长度相同

C. 只要第三种导体温度分布路径相同

D. 只要第三种导体连接端的温度相同

(5) 实用热电偶的热极材料中，应用较多的是（　　　）。

A. 纯金属　　　　B. 非金属　　　　C. 半导体　　　　D. 合金

(6) 热电偶传感器形成热电势的条件是（　　　）。

A. 两种材料不同接点所处温度不同

B. 两种材料不同接点所处温度相同

C. 两种材料相同接点所处温度不同

D. 两种材料相同接点所处温度相同

(7) 有一温度计，它的测量范围为 0～200℃，精度等级 0.5 级，该温度计可能出现的最大绝对误差为（　　　）。

    A. 1℃　　　　　B. 0.5℃　　　　C. 10℃　　　　D. 200℃

**4. 计算**

（1）用镍铬 – 镍硅热电偶测炉温，当冷端温度 $T_0 = 30℃$ 时，测得热电势为 39.17 mV，则实际炉温是多少度？

（2）已知铂热电阻温度计 0℃ 时电阻为 100 Ω，100℃ 时电阻为 139 Ω，当它与某热介质接触时，电阻值增至 281 Ω，试确定该介质温度。

（3）某热电偶的热电势在 $E(600, 0)$ 时，输出 $E = 5.257$ mV，若冷端温度为 0℃ 时，测某炉温输出热电势 $E = 5.267$ mV，试求该加热炉实际温度是多少？

（4）镍铬 – 镍硅热电偶灵敏度为 0.04 mV/℃，把它放在温度为 1 200℃ 处，若以指示仪表作为冷端，此处温度为 50℃，试求热电势大小。

（5）将一只灵敏度为 0.08 mV/℃ 的热电偶与电压表相连，电压表接线端处所处的温度为 50℃，电压表上读数为 60 mV，求热电偶热端温度。

（6）铂铑 10 – 铂热电偶冷端温度 $T_0 = 30℃$，现测得热电偶的电动势为 7.5 mV，求热电偶的热端温度为多少摄氏度？

（部分热电偶分度表如下）

| 温度/℃ | 热电势/mV |
| --- | --- |
| 30 | 0.173 |
| … | … |
| 800 | 7.345 |
| 810 | 7.454 |
| 820 | 7.563 |
| 830 | 7.673 |

（7）一支分度号为 Cu100 的热电阻，在 130℃ 时它的电阻 $R_1$ 是多少？要求比较精确计算和估算。

（8）某热敏电阻，其 $B$ 值为 2 900 K，若冰点电阻为 500 kΩ，求热敏电阻在 100℃ 时的阻值。

（9）使用 K 型热电偶，基准接点为 0℃，测量接点为 30℃ 和 900℃ 时，电动势分别为 1.203 mV 和 37.326 mV，当基准接点为 30℃，测温接点为 900℃ 时的温差电动势为多少？

（10）已知某负温度系数的热敏电阻，在温度为 298 K 时阻值 $R_{T_1} = 3 144$ Ω；当温度为 303 K 时阻值 $R_{T_2} = 2 772$ Ω，试求该热敏电阻的材料常数 $B_n$ 和 298 K 时的电阻温度系数 $a$ 是多少？

（11）已知在某特定条件下，材料 A 与铂匹配的热电势为 13.967 mV，材料 B 与铂匹配的热电势为 8.345 mV，求出在此条件下，材料 A 与材料 B 配对后的热电势。

（12）某热敏电阻 0℃ 时电阻为 30 kΩ，若用来测量 100℃ 物体的温度，其电阻为多少？设热敏电阻的系数 $B$ 为 3 450 K。

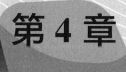

# 第4章

# 压力检测

<<<<<<

## 本章重点

在介绍压力的概念及单位的基础上，重点介绍了应变式压力传感器、电容式压力传感器、霍尔式压力传感器、电子秤等的测压原理、测压方法及压力传感器的应用。

# 4.1　压力的概念及测量方法

## 4.1.1　压力的概念

压力是垂直地作用在单位面积上的力。它的大小由两个因素（即受力面积和垂直作用力的大小）决定，其表达式为

$$p = \frac{F}{S} \tag{4-1}$$

式中，$p$—压力；

　　$F$—作用力；

　　$S$—作用面积。

在国际单位制和我国法定计量单位中，压力的单位采用 $N/m^2$，通常称为帕斯卡或简称帕（Pa）。Pa 这个单位在实际应用中太小，不方便，目前我国生产的各种压力表都统一用 kPa（$10^3$Pa）或 MPa（$10^6$Pa）作为压力或差压的基本单位。

## 4.1.2 压力测量方法

在工程上，被测压力通常有绝对压力、表压和负压（真空度）之分，三者关系如图4-1所示。绝对压力是指作用在单位面积上的全部压力，用来测量绝对压力的仪表称为绝对压力表。地面上空气柱所产生的平均压力称为大气压力，高于大气压的绝对压力与大气压力之差称为表压，低于大气压力的被测压力称为负压或真空度（其值为大气压力与绝对压力之差）。由于各种工艺设备和检测仪表通常处于大气之中，本身就承受着大气压力，因此工程上通常采用表压或者真空度来表示压力的大小，一般压力检测仪表所指示的压力也是表压或真空度。

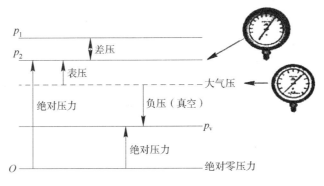

图4-1　绝对压力、大气压和负压

式（4-1）介绍的压力的测量实际上就是对力的测量。对力的测量通常可以由以下几种方法来实现：

（1）用一个标准质量的已知重力来平衡该未知力，平衡方法既可以是直接平衡，也可以是通过一个杠杆系统来平衡，如图4-2（a）所示。

（2）测量未知力施加在一个质量体上时对该质量体所产生的加速度，如图4-2（b）所示。

（3）用一个载流线圈和一个永磁铁相互作用产生的磁力来平衡该未知力，然后测量载流线圈中电流的大小。

（4）把未知力转换为流体压力，然后测量该压力，如图4-2（c）所示。

（5）将未知力施加在一弹性元件上，然后测量该弹性元件的形变，如图4-2（d）所示。

（6）将未知力施加在一金属丝上，引起金属丝的固有频率发生变化，然后测量该频率。

（7）将未知力施加在压电材料或磁阻材料上，引起压电材料产生电压或引起磁阻材料的电阻发生变化，然后测量该电压或电阻。

（8）将未知力施加在陀螺仪上，引起陀螺仪的进动发生变化，然后测量该进动量等。

由于测量力的方法有多种，因此压力的测量方法或压力传感器也有许多种。本章主要介绍目前工业上常用的应变式压力传感器、电容式压力传感器和霍尔式压力传感器以及压力传感器在测量中的典型应用等。

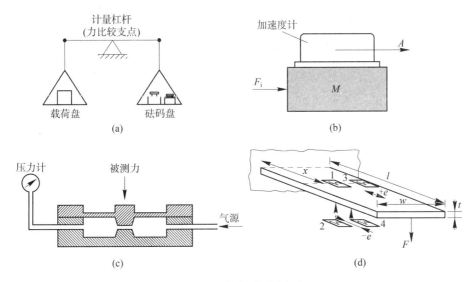

图 4 - 2 力常用测量方法

# 4.2 应变式压力传感器

电阻应变式压力传感器的工作原理是基于应变片的应变效应。所谓应变效应，即导体在外力作用下产生机械变形时，它的电阻值相应发生变化。

## 4.2.1 应变式压力传感器的基本结构和工作原理

电阻应变式压力传感器主要是基于金属丝的应变效应，金属丝应变效应示意图如图 4-3所示。

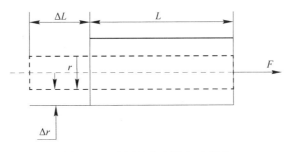

图 4 - 3 金属丝应变效应示意图

金属电阻丝在其未受力时，原始电阻值为

$$R = \frac{\rho L}{S} \tag{4-2}$$

式中，$\rho$——电阻丝的电阻率；

$L$——电阻丝的长度；

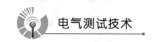

$S$——电阻丝的截面积。

当电阻丝受到拉力 $F$ 作用时，将伸长 $\Delta L$，横截面积相应减小 $\Delta S$，电阻率改变 $\Delta\rho$，故引起电阻值相对变化量为

$$\frac{\Delta R}{R} = \frac{\Delta L}{L} - \frac{\Delta S}{S} + \frac{\Delta\rho}{\rho} \tag{4-3}$$

式中，$\Delta L/L$ 是长度相对变化量，用金属电阻丝的轴向应变 $\varepsilon$ 表示。$\varepsilon$ 数值一般很小，表达式为

$$\varepsilon = \frac{\Delta L}{L} \tag{4-4}$$

$\Delta S/S$ 为圆形电阻丝的截面积相对变化量，即

$$\frac{\Delta S}{S} = \frac{2\Delta r}{r} \tag{4-5}$$

由材料力学可知，在弹性范围内，金属丝受拉力时，沿轴向伸长，沿径向缩短，那么轴向应变和径向应变的关系可表示为

$$\frac{\Delta r}{r} = -\mu\frac{\Delta L}{L} = -\mu\varepsilon \tag{4-6}$$

式中，$\mu$ 为电阻丝材料的泊松比；一般金属 $\mu = 0.3 \sim 0.5$，负号表示应变方向相反。将公式整理得

$$\frac{\Delta R}{R} = (1 + 2\mu)\varepsilon + \frac{\Delta\rho}{\rho} \tag{4-7}$$

又因为

$$\frac{\Delta\rho}{\rho} = \lambda\sigma = \lambda E\varepsilon \tag{4-8}$$

式中，$\lambda$——压阻系数，与材质有关；

$\varepsilon$——试件的应变；

$E$——试件材料的弹性模量。

所以

$$\frac{\Delta R}{R} = (1 + 2\mu + \lambda E)\varepsilon \tag{4-9}$$

根据上述特点，测量应力或应变时，被测对象产生微小机械变形，应变片随之发生相同的变化，同时应变片电阻值也发生相应变化。当测得应变片电阻值变化量 $\Delta R$ 时，便可得到被测对象的应变值。

应力值 $\sigma$ 正比于应变 $\varepsilon$，而试件应变 $\varepsilon$ 正比于电阻值的变化，所以应力 $\sigma$ 正比于电阻值的变化，这就是利用应变片测量应变的基本原理。

## 4.2.2 应变片的种类

常用的应变片可分为两类：金属应变片和半导体应变片。

### 1. 金属应变片

金属应变片由敏感栅、基片、覆盖层和引线等部分组成。金属应变片组成示意图如

图 4 – 4 所示。

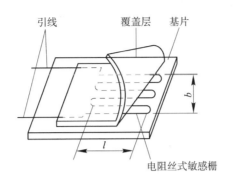

图 4 – 4　金属应变片组成示意图

敏感栅是应变片的核心部分，它粘贴在绝缘的基片上，其上再粘贴起保护作用的覆盖层，两端焊接引出导线。

金属应变片的敏感栅有丝式、箔式和薄膜式三种，其中箔式应用较为广泛。

金属丝式应变片有回线式和短接式两种。丝式应变片制作简单、性能稳定、成本低、易粘贴。回线式应变片因圆弧部分参与变形，横向效应较大；短接式应变片敏感栅平行排列，两端用直径比栅线直径大 5 ~ 10 倍的镀银丝短接而成，其优点是克服了横向效应。

箔式应变片是由厚度为 0.003 ~ 0.01 mm 的康铜箔或镍铬箔经光刻、腐蚀工艺制成的栅状箔片。箔式应变片适于大批量生产，可制成多种复杂形状，线条均匀，敏感栅尺寸准确，栅长最小可到 0.2 mm；散热好，允许电流大；横向效应、蠕变和机械滞后小，疲劳寿命长；柔性好（可贴于形状复杂的表面），传递试件应变性能好。目前使用的应变片大多是金属箔式应变片，如图 4 – 5 所示。

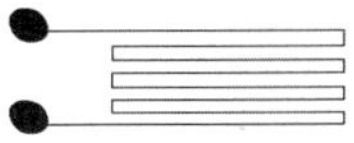

图 4 – 5　金属箔式
应变片示意图

薄膜式应变片采用真空蒸发或真空沉积等方法，在薄的绝缘基片上形成厚度在 0.1 mm 以下的金属电阻材料薄膜的敏感栅。它的优点是应变灵敏系数大，允许电流密度大，工作范围广，可达 – 197 ~ 317℃。

## 2. 半导体应变片

半导体应变片是用半导体材料制成的，其工作原理是基于半导体材料的压阻效应。所谓压阻效应，是指半导体材料在某一轴向受外力作用时，其电阻率 $\rho$ 发生变化的现象。半导体应变片受轴向力作用时，其电阻相对变化为

$$\frac{\Delta R}{R} = (1 + 2\mu)\varepsilon + \frac{\Delta \rho}{\rho} = (1 + 2\mu + \lambda E)\varepsilon \qquad (4 – 10)$$

实验证明，半导体材料的 $\lambda E$ 比 $(1 + 2\mu)$ 大上百倍，所以 $(1 + 2\mu)$ 可以忽略，因而半导体应变片的电阻相对变化为

$$\frac{\Delta R}{R} = \lambda E \varepsilon \qquad (4 – 11)$$

半导体应变片的突出优点是灵敏度高，比金属式应变片高 50 ~ 80 倍，尺寸小，横向效应小，动态响应好。但它有温度系数大、应变时非线性比较严重等缺点。

**例 4 – 1**　金属应变片与半导体应变片在工作原理上有何不同？半导体应变片灵敏系数

范围是多少，金属应变片灵敏系数范围是多少？

答：金属导体应变片的电阻变化是利用机械形变产生的应变效应，对于半导体而言，应变传感器主要是利用半导体材料的压阻效应。金属电阻丝的灵敏度系数可近似写为 $k_0 \approx 1 + 2\mu$，即 $k_0 \approx 1.5 - 2$；半导体灵敏度系数近似为 $k_0 \approx (\Delta\rho/\rho)/\varepsilon \approx 50 \sim 100$。

### 3. 金属应变片和半导体应变片性能对比

金属应变片和半导体应变片的性能对比如表 4-1 所示。

**表 4-1　金属应变片和半导体应变片性能对比**

| 类型 | | 金属应变片 | 半导体应变片 |
|---|---|---|---|
| 工作机理 | | 应变效应 | 压阻效应 |
| | | 外部的机械形变引起电阻值的变化 | 半导体内部载流子的迁移引起的电阻变化 |
| 性能特点 | 丝式 | 结构简单、强度高，但允许通过的电流较小，测量精度较低，适用于测量要求不很高的场合 | 体积小，灵敏度高（通常比金属应变片的灵敏度高 50~70 倍），横向效应小，响应频率很宽，输出幅度大，受温度影响大 |
| | 箔式 | 面积大、易散热，允许通过较大的电流，灵敏度系数较高，抗疲劳性好，寿命长，适于大批量生产，易于小型化 | |
| 使用场所 | | 可以测力、压力、位移、加速度 | 适用于力矩计、半导体话筒、压力传感器 |

课堂讨论：如何根据实际情况选择应变片的种类？

## 4.2.3　应变式压力传感器的测量电路

由于机械应变一般都很小，要把微小应变引起的微小电阻变化测量出来，同时要把电阻相对变化转换为电压或电流的变化，需要有专用测量电路用于测量应变变化而引起电阻变化的测量电路，通常采用直流电桥。电桥电路的主要指标是桥路灵敏度、非线性和负载特性，下面具体讨论相关原理。

### 1. 直流电桥平衡条件

$E$ 为电源，$R_1$、$R_2$、$R_3$、$R_4$ 为桥臂电阻，$R_L$ 为负载电阻。输出电压为

$$U_o = E\left(\frac{R_1}{R_1 + R_2} - \frac{R_3}{R_3 + R_4}\right) \tag{4-12}$$

当电桥平衡时：

$$R_1 R_4 = R_2 R_3 \text{ 或} \frac{R_1}{R_2} = \frac{R_3}{R_4} \tag{4-13}$$

式（4-13）称为电桥平衡条件。这说明欲使电桥平衡，其相邻两臂电阻的比值应相等，或相对两臂电阻的乘积相等。电桥电路图如图 4-6 所示。

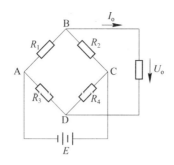

图 4 - 6  电桥电路图

## 2. 电压灵敏度

设 $R_1$ 为电阻应变片，$R_2$、$R_3$、$R_4$ 为电桥固定电阻，这样就构成了单臂电桥。当产生应变时，若应变片电阻变化为 $\Delta R$，其他桥臂固定不变，电桥输出电压 $U \neq 0$，则电桥不平衡输出电压为

$$U_o = E\left(\frac{R_1 + \Delta R_1}{R_1 + \Delta R_1 + R_2} - \frac{R_3}{R_3 + R_4}\right)$$

$$= E\frac{\dfrac{R_4}{R_3} \cdot \dfrac{\Delta R_1}{R_1}}{\left(1 + \dfrac{\Delta R_1}{R_1} + \dfrac{R_2}{R_1}\right)\left(1 + \dfrac{R_4}{R_3}\right)} \tag{4 - 14}$$

设桥臂比 $n = \dfrac{R_2}{R_1}$，由于 $R_1 \gg \Delta R_1$，分母中 $\dfrac{\Delta R_1}{R_1}$ 可忽略，并考虑到平衡条件 $\dfrac{R_1}{R_2} = \dfrac{R_3}{R_4}$，则上式可写为

$$U_o = E\frac{n}{(1 + n)^2} \cdot \frac{\Delta R_1}{R_1} \tag{4 - 15}$$

电桥电压灵敏度定义为

$$K_V = \frac{U_o}{\dfrac{\Delta R_1}{R_1}} = E\frac{n}{(1 + n)^2} \tag{4 - 16}$$

分析上式可知：

（1）电桥电压灵敏度正比于电桥供电电压，供电电压越高，电桥电压灵敏度越高；

（2）电桥电压灵敏度是桥臂电阻比值 $n$ 的函数，恰当地选择桥臂比 $n$ 的值，保证电桥具有较高的电压灵敏度。

当

$$\frac{\mathrm{d}K_V}{\mathrm{d}n} = 0 \tag{4 - 17}$$

$K_V$ 为最大值，这就是说，在电桥电压确定后，当

$$\frac{\mathrm{d}K_V}{\mathrm{d}n} = \frac{1 - n^2}{(1 + n)^3} = 0 \tag{4 - 18}$$

即 $n = 1$，$R_1 = R_2 = R_3 = R_4$，这样的电桥称为全等臂电桥。

当电桥接入一个应变片时，电桥电压灵敏度最高，此时有

$$U_{\mathrm{o}} = \frac{E}{4} \cdot \frac{\Delta R_1}{R_1} \qquad (4-19)$$

$$K_V = \frac{E}{4} \qquad (4-20)$$

从上述可知，当电源电压和电阻相对变化量一定时，电桥的输出电压及其灵敏度也是定值，且与各桥臂电阻阻值大小无关。

### 3. 非线性误差及其补偿方法

求出的输出电压因略去分母中的 $\dfrac{\Delta R_1}{R_1}$ 项而得出的是理想值，实际值计算为

$$U_{\mathrm{o}}' = E \frac{n\dfrac{\Delta R_1}{R_1}}{\left(1 + n + \dfrac{\Delta R_1}{R_1}\right)(1+n)} \qquad (4-21)$$

$U'$ 与 $\dfrac{\Delta R_1}{R_1}$ 的关系为非线性，非线性误差为

$$\gamma_L = \frac{U_{\mathrm{o}} - U_{\mathrm{o}}'}{U_{\mathrm{o}}} = \frac{\dfrac{\Delta R_1}{R_1}}{1 + n + \dfrac{\Delta R_1}{R_1}} \qquad (4-22)$$

如果是四等臂电桥，即 $R_1 = R_2 = R_3 = R_4$，则

$$\gamma_L = \frac{\dfrac{\Delta R_1}{2R_1}}{1 + \dfrac{\Delta R_1}{2R_1}} \qquad (4-23)$$

对于一般应变片来说，所受应变通常在 $5 \times 10^{-3}$ 以下，若取应变片灵敏度系数为 2，则 $\dfrac{\Delta R_1}{R_1} = k\varepsilon = 0.01$，代入式（4-23）计算得非线性误差为 0.5%；若 $k = 130$，$\varepsilon = 1 \times 10^{-3}$ 时，$\dfrac{\Delta R_1}{R_1} = 0.13$，则得到非线性误差为 6%，故当非线性误差不能满足测量要求时，必须予以消除。

为了减小和克服非线性误差，常采用差动电桥。差动电桥电路示意图如图 4-7 所示。

在试件上安装两个工作应变片，一个受拉应变，一个受压应变，接入电桥相邻桥臂，称为半桥差动电路。半桥差动电路输出电压为

$$U_{\mathrm{o}} = E\left(\frac{\Delta R_1 + R_1}{\Delta R_1 + R_1 + R_2 - \Delta R_2} - \frac{R_3}{R_3 + R_4}\right) \qquad (4-24)$$

若 $\Delta R_1 = \Delta R_2$，$R_1 = R_2 = R_3 = R_4$，则得

$$U_{\mathrm{o}} = \frac{E}{2} \cdot \frac{\Delta R_1}{R_1} \qquad (4-25)$$

所以 $U_{\mathrm{o}}$ 与 $\dfrac{\Delta R_1}{R_1}$ 呈线性关系，差动电桥无非线性误差，而且电桥电压灵敏度比单臂工作

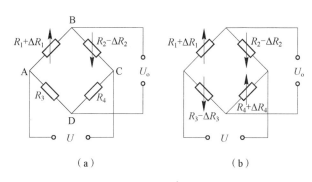

图 4 – 7　差动电桥电路示意图

（a）半桥差动；（b）全桥差动

时提高一倍。

若将电桥四臂接入四片应变片，如图 4 – 7（b）所示，即两个受拉应变，两个受压应变，将两个应变符号相同的接入相对桥臂上，构成全桥差动电路，若 $\Delta R_1 = \Delta R_2 = \Delta R_3 = \Delta R_4$ 且 $R_1 = R_2 = R_3 = R_4$，则

$$U_o = E \frac{\Delta R_1}{R_1} \tag{4-26}$$

$$K_V = E \tag{4-27}$$

此时全桥差动电路不仅没有非线性误差，而且电压灵敏度是单片的 4 倍。

### 4. 测量电路设计注意事项

（1）当增大电桥供电电压时，虽然会使输出电压增大，放大电路本身的漂移和噪声相对减小，但电源电压或电流的增大会造成应变片的发热，从而造成测量误差，甚至是应变传感器的损坏，故一般电桥电压的设计应低于 6 V。

（2）由于应变片阻值的分散性，即使应变片处于无压的状态，电桥仍然会有电压输出，故电桥应设计调零电路。

（3）由于应变片受温度的影响，应考虑温度补偿电路。

**例 4 – 2**　金属应变片粘贴在弹性试件上，构成一种传感器。弹性试件受力产生应变 $\varepsilon$，使金属应变片的电阻产生相对变化量 $\Delta R/R$。设该金属应变片灵敏度为 $K$，写出传感器特性公式，并指出传感器的输入量、输出量，说明属于何种物理量。

答：传感器特性公式为

$$\frac{\Delta R}{R} = K\varepsilon$$

输入量为机械应变量，属于机械位移量；

输出量为电阻相对变化量，属于电参量。

## 4.2.4　应变式压力传感器的温度误差

当测量现场环境温度变化时，由于敏感栅温度系数及栅丝与试件膨胀系数的差异性而给测量带来的附加误差，称为应变片的温度误差。

下面对应变片温度误差产生的主要因素进行分析。

### 1. 电阻温度系数的影响

敏感栅的电阻丝阻值随温度变化的关系可用下式表示：

$$R_t = R_0(1 + \alpha\Delta t) \qquad (4-28)$$

式中，$R_t$——温度为 $t℃$ 时的电阻值；

$R_0$——温度为 $t_0℃$ 时的电阻值；

$\alpha$——金属丝的电阻温度系数；

$\Delta t$——温度变化值，$\Delta t = t - t_0$。

当温度变化 $\Delta t$ 时，电阻丝电阻的变化值为

$$\Delta R_t = R_t - R_0 = R_0\alpha\Delta t \qquad (4-29)$$

### 2. 试件材料和电阻丝材料的线膨胀系数的影响

当试件与电阻丝材料的线膨胀系数相同时，不论环境温度如何变化，电阻丝的变形仍和自由状态一样，不会产生附加变形。

当试件和电阻丝线膨胀系数不同时，由于环境温度的变化，电阻丝会产生附加变形，从而产生附加电阻。

设电阻丝和试件在温度为 $0℃$ 时的长度均为 $L_0$，它们的线膨胀系数分别为 $\beta_s$ 和 $\beta_g$，若两者不粘贴，则它们的长度分别为

$$L_s = L_0(1 + \beta_s\Delta t) \qquad (4-30)$$
$$L_g = L_0(1 + \beta_g\Delta t)$$

当二者粘贴在一起时，电阻丝产生的附加变形为

$$\Delta L = L_g - L_s = (\beta_g - \beta_s)L_0\Delta t \qquad (4-31)$$

附加应变为

$$\varepsilon_\beta = \frac{\Delta L}{L_0} = (\beta_g - \beta_s)\Delta t \qquad (4-32)$$

附加电阻变化为

$$\Delta R_\beta = k_0R_0\varepsilon_\beta = k_0R_0(\beta_g - \beta_s)\Delta t \qquad (4-33)$$

由上面几个式子可得由于温度变化而引起应变片总电阻的相对变化量为

$$\frac{\Delta R}{R} = \frac{\Delta R_t + \Delta R_\rho}{R_0}$$
$$= \alpha\Delta t + k_0(\beta_g - \beta_S)\Delta t \qquad (4-34)$$
$$= [\alpha + k_0(\beta_g - \beta_S)]\Delta t$$

折合成附加应变量有

$$\varepsilon_t = \frac{\frac{\Delta R}{R_0}}{k_0} = \left[\frac{\alpha}{k_0} + (\beta_g - \beta_S)\right]\Delta t \qquad (4-35)$$

**例 4-3**　金属电阻应变片在使用时，为什么会产生温度误差？

答：一般金属电阻应变片具有正温度系数，其电阻值与温度关系为

$$R_t = R_0(1 + \alpha\Delta t)$$

式中，$R_t$——温度升高到 $t℃$ 时的电阻值；

$R_0$——温度未升高时的电阻值；

$\Delta t$——温度的变化值（℃）；

$\alpha$——电阻丝的电阻温度系数，表示单位温度变化引起的电阻相对变化（单位为 $1/℃$）。

由于电阻会随环境温度升高而增大，会给与应变相对应的电阻测量造成误差。

## 4.2.5 电阻应变片的温度补偿方法

电阻应变片的温度补偿方法通常有线路补偿法和应变片自补偿两大类。

### 1. 线路补偿法

电桥补偿是最常用且效果较好的线路补偿法，电桥补偿原理图如图 4 - 8 所示。

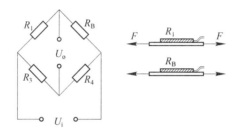

图 4 - 8　电桥补偿原理图

电桥输出电压与桥臂参数的关系为

$$U_o = A(R_1 R_4 - R_B R_3) \qquad (4-36)$$

式中，$A$——由桥臂电阻和电源电压决定的常数；

$R_1$——工作应变片电阻值；

$R_B$——补偿应变片（应和 $R_1$ 特性相同）电阻值。

当 $R_3$ 和 $R_4$ 为常数时，$R_1$ 和 $R_B$ 对电桥输出电压的作用方向相反。利用这一基本关系可实现对温度的补偿。

测量应变时，工作应变片 $R_1$ 粘贴在被测试件表面上，补偿应变片 $R_B$ 粘贴在与被测试件材料完全相同的补偿块上，且仅工作应变片承受应变。

工程上，一般按 $R_1 = R_2 = R_3 = R_4$ 选取桥臂电阻。当温度升高或降低 $\Delta t = t - t_0$ 时，两个应变片因温度而引起的电阻变化量相等，电桥仍处于平衡状态。

应当指出，若实现完全补偿，上述分析过程必须满足四个条件：①在应变片工作过程中保证 $R_3 = R_4$；②$R_1$ 和 $R_B$ 两个应变片应具有相同的电阻温度系数 $\alpha$、线膨胀系数 $\beta$、应变灵敏度系数 $k$ 和初始电阻值 $R_0$；③粘贴补偿片的补偿块材料和粘贴工作片的被测试件材料必须一样，两者线膨胀系数相同；④两应变片应处于同一温度场。

### 2. 应变片自补偿法

这种温度补偿法是利用自身具有温度补偿作用的应变片，称之为温度自补偿应变片。温度自补偿应变片的工作原理可由下式得出。要实现温度自补偿，必须考虑以下：

电阻温度系数引起的应变误差：

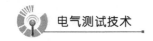

$$\frac{\Delta R_t}{R_0} = \alpha \Delta t = K\varepsilon_t$$

$$\varepsilon_t = \frac{\alpha \Delta t}{K} \tag{4-37}$$

线膨胀系数引起的应变误差：

$$\frac{\Delta L}{L_0} = (\beta_g - \beta_s)\Delta t = \varepsilon_t \tag{4-38}$$

应使

$$\varepsilon_t = \frac{\alpha \Delta t}{K} + (\beta_g - \beta_s)\Delta t = 0$$

则

$$\alpha = -K(\beta_g - \beta_s)$$

上式表明，当被测试件的线膨胀系数 $\beta_g$ 已知时，如果合理选择敏感栅材料，使上式成立，则不论温度如何变化，均达到温度自补偿的目的。这种补偿方法简便实用，精度要求不高时可用；但存在缺陷，即一种应变片只能在同一种材料上使用，局限性大。

# 4.3  电容式压力传感器

电容式压力传感器是将被测量（如尺寸、压力等）的变化转换成电容量变化的传感器。实际上，它本身（或和被测物）就是一个可变电容器。

## 4.3.1  电容式压力传感器的工作原理及特性

### 1. 工作原理

由物理学可知，如果不考虑边缘效应，由两平行极板组成的电容器的电容量为

$$C = \frac{\varepsilon S}{\delta} \tag{4-39}$$

式中，$\varepsilon$——极板间介质的介电常数，$\varepsilon = \varepsilon_0 \varepsilon_r$（$\varepsilon_r$ 为极板间介质的相对介电常数，$\varepsilon_0$ 为真空的介电常数，$\varepsilon_0 = 8.854 \times 10^{-12}\,\mathrm{F/m}$）；

$S$——极板的遮盖面积；

$\delta$——极板间的距离。

当被测量的变化使式（4-39）中的 $S$、$\delta$ 或 $\varepsilon$ 任一参数发生变化时，电容量 $C$ 也随之变化，这就是电容式压力传感器的工作原理。

### 2. 类型

根据上述原理，在应用中电容式压力传感器可以有三种基本类型，即变极距或称变间隙（$\delta$）型、变面积（$S$）型和变介电常数（$\varepsilon$）型。而它们的电极形状又有平板形、圆柱形和球平

面形（较少采用）三种。

## 4.3.2 变极距型电容式压力传感器

图4-9所示为变极距型电容式压力传感器的结构原理图。变极距式电容式压力传感器可用一固定极板和一可动极板构成，如图4-9（a）所示；但在许多场合电容式压力传感器只有一固定极板而可动极板（活动极板）直接由被测金属平面充当，如图4-9（b）所示。当可动极板向上移动时，图4-9（a）、（b）中结构的电容增量为

$$\Delta C = \frac{\varepsilon S}{\delta - \Delta\delta} - \frac{\varepsilon S}{\delta} = \frac{\varepsilon S}{\delta} \cdot \frac{\Delta S}{\delta - \Delta\delta} = C_0 \frac{\Delta\delta}{\delta - \Delta\delta} \qquad (4-40)$$

式中，$C_0$——极距为$\delta$时的初始电容量。

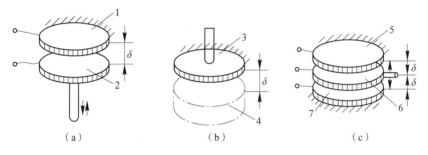

图4-9 变极距型电容式压力传感器的结构原理图
1，3，5，7—固定极；2，6—可动极；4—被测物

式（4-40）说明$\Delta C$与$\Delta\delta$不是线性关系，如图4-10所示。但当$\Delta\delta \ll \delta$（即量程远小于两极板间初始距离）时，可以认为$\Delta C - \Delta\delta$是线性的。因此这种类型的传感器一般用来测量微小变化的量。

为了提高灵敏度和线性度，以及克服某些外界条件（如电源电压、环境温度变化）的影响，常采用差动式电容式压力传感器，其原理结构如图4-9（c）所示。未开始测量时将活动极板调整在中间位置，两边电容相等。测量时，中间极板向上或向下平移，就会引起电容量的上增下减或反之。所以两边电容的差值为$C_1 - C_2$，其特性如图4-11所示。这样提高了灵敏度，同时在零点附近工作的线性度也得到了改善。

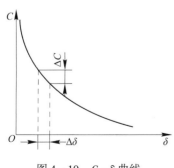

图4-10 $C-\delta$曲线

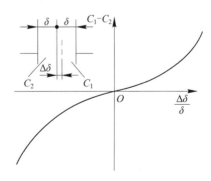

图4-11 差动式电容特性曲线

### 4.3.3 变面积型电容式压力传感器

图 4 - 12 所示为变面积型电容式压力传感器的结构原理图。图 4 - 12（a）～图 4 - 12（c）为单边式，图 4 - 12（d）为差动式 [图 4 - 12（a）、图 4 - 12（b）结构也可做成差动形式]。与变极距型相比，它们的测量范围大，可测量较大的线位移或角位移。当被测量变化使可动极 2 位置移动时，就改变了两极板间的遮盖面积，电容量 $C$ 也随之变化。

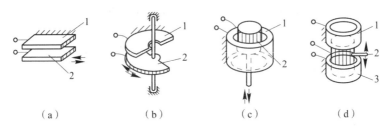

图 4 - 12　变面积型电容式压力传感器结构原理图
(a)、(b)、(c) 单边式；(d) 差动式
1，3—固定极；2—可动极

对于平板单边直线位移式 [见图 4 - 12（a）]，若忽略边缘效应，则电容增量为

$$\Delta C = \left| \frac{\varepsilon ab}{2\delta} - \frac{\varepsilon(a - \Delta a)b}{\delta} \right| = \frac{\varepsilon b \Delta a}{\delta} = C_0 \frac{\Delta a}{a} \qquad (4 - 41)$$

式中，$b$——极板宽度；

$a$——极板起始遮盖长度；

$\delta$——两极板间的距离；

$\Delta a$——动极板位移量。

式中其他符号含义同公式（4 - 39）。

对于单边角位移式 [图 4 - 12（b）]，忽略边缘效应，则有

$$\Delta C = \left| \frac{\varepsilon a \gamma^2}{2\delta} - \frac{\varepsilon(a - \Delta a)b}{\delta} \right| = \frac{\varepsilon b \Delta a}{\delta} = C_0 \frac{\Delta a}{a} \qquad (4 - 42)$$

式中，$a$——遮盖面积对应的中心角；

$r$——极板半径；

$\Delta a$——动极板的角位移。

式中其他符号含义同公式（4 - 39）。

由于平板形传感器的动极板稍向极间距方向移动时，将影响测量精度，因此一般情况下，变面积型电容式压力传感器常做成圆柱形，如图 4 - 12（c）、（d）所示。由物理学可知，圆柱电容器的电容量为

$$C = \frac{2\pi \varepsilon l}{\ln(R/r)} \qquad (4 - 43)$$

式中，$l$——外圆筒与内圆柱遮盖部分的长度；

$R$，$r$——外圆筒内半径和内圆柱（或圆筒）外半径，即它们的工作半径。

对于单边圆柱形线位移式 [图 4 - 12（c）]，当可动极 2 位置移动 $\Delta l$ 时，忽略边缘效应，电容变化量为

$$\Delta C = \left| \frac{2\pi\varepsilon l}{\ln(R/r)} - \frac{2\pi\varepsilon(l-\Delta l)}{\ln(R/r)} \right| = \frac{2\pi\varepsilon\Delta l}{\ln(R/n)} = C_0 \frac{\Delta l}{l} \tag{4-44}$$

其他结构形式的变面积型电容式压力传感器的计算公式均可推导出来，此处不再赘述。

## 4.3.4 变介电常数型电容式压力传感器

变介电常数型电容式压力传感器的结构原理如图 4 – 13 所示，这种传感器大多用来测量变介质的厚度 ［图 4 – 13 （a）］、位移 ［图 4 – 13 （b）］、液位 ［图 4 – 13 （c）］，还可根据极间介质的介电常数随温度和湿度改变而变化来测量温度和湿度 ［图 4 – 13 （d）］ 等。若忽略边缘效应，它们的电容量 $C$ 与被测量的关系分别如下所述。

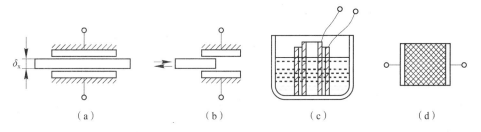

图 4 – 13　变介电常数型电容式压力传感器的结构原理
（a）测量厚度；（b）测量位移；（c）测量液位；（d）测量温度和湿度

在图 4 – 13 （a） 中有

$$C = \frac{S}{(\delta - \delta_x)/\varepsilon_0 + \delta_x/\varepsilon} \tag{4-45}$$

式中，$\delta$——两固定极板间的距离；

$\quad\ \ S$——两固定极板间的遮盖面积；

$\quad\ \ \varepsilon_0$——间隙内空气的介电常数；

$\quad\ \ \delta_x$——被测物的厚度（被测值）；

$\quad\ \ \varepsilon$——被测物的介电常数。

在图 4 – 13 （b） 中有

$$C = \frac{ba}{\delta/\varepsilon_0 + \delta_1/\varepsilon_1} + \frac{b(l-a)}{(\delta+\delta_1)/\varepsilon_0} \tag{4-46}$$

式中，$l$、$b$——固定板长度和宽度；

$\quad\ \ a$——被测物进入两极板中的长度（被测值）；

$\quad\ \ \delta$，$\varepsilon_0$——被测物和固定极板间的间距及空气的介电常数；

$\quad\ \ \delta_1$，$\varepsilon_1$——被测物的厚度和介电常数。

在图 4 – 13 （c） 中有

$$C = \frac{2\pi\varepsilon_0 h}{\ln(r_2/r_1)} + \frac{2\pi(\varepsilon-\varepsilon_0)h_x}{\ln(r_2/r_1)} \tag{4-47}$$

式中，$h$——极筒高度；

$\quad\ \ r_1$，$r_2$——内极筒外半径和外极筒内半径；

$\quad\ \ \varepsilon_0$——间隙内空气的介电常数；

$h_x$，$\varepsilon$——被测液面的高度和介电常数。

几种常用的电介质材料的相对介电常数 $\varepsilon$ 如表 4 – 2 所示。

表 4 – 2　几种常用的电介质材料的相对介电常数 $\varepsilon$

| 材料 | 相对介电常数 $\varepsilon$ | 材料 | 相对介电常数 $\varepsilon$ |
|---|---|---|---|
| 真空 | 1 | 硅油 | 2.7 |
| 干燥空气 | 1.00 ~ 54 | 米及谷类 | 3 ~ 5 |
| 其他气体 | 1 ~ 1.2 | 环氧树脂 | 3.3 |
| 纸 | 2.0 | 石英玻璃 | 3.5 |
| 聚四氯乙烯 | 2.1 | 二氧化硅 | 3.8 |
| 石油 | 2.2 | 纤维素 | 3.9 |
| 聚乙烯 | 2.3 | 聚氯乙烯 | 40 |
| 硬橡胶 | 4.3 | 三氧化二铝 | 8.5 |
| 石英 | 4.5 | 乙醇 | 20 ~ 25 |
| 玻璃 | 5.3 ~ 7.5 | 乙二醇 | 35 ~ 40 |
| 陶瓷 | 5.5 ~ 7.0 | 甲醇 | 37 |
| 盐 | 6 | 丙三醇 | 47 |
| 云母 | 6 ~ 8.5 | 水 | 80 |
| 夹布胶木 | 7.8 | 钛酸钡 | 1 000 ~ 10 000 |

应该指出：在上述测量方法中，当电极间存在导电物质时，电极表面应涂覆绝缘层（如涂 0.1 m 厚的聚四氟乙烯等），防止电极间短路。

## 4.3.5　电容式压力传感器的应用

电容式压力传感器具有结构简单、灵敏度高、分辨力强、动态响应好，能实现非接触测量、能在恶劣环境下工作等优点，因此广泛应用于各种测量中。电容式压力传感器用来测量直线位移、角位移、振动振幅（可测至 0.05 μm 微小振幅）；用来测量压力、差压力、液位、料面、成分含量（如油、粮食中的含水量）、非金属材料的涂层及油膜等的厚度；测量电介质的湿度、密度、厚度等。在自动检测和控制系统中也常常用来作为位置信号发生器；当测量金属表面状况、距离尺寸、振动振幅时，往往采用单边式变极距型电容式压力传感器，这时被测物是电容器的一个电极，另一个电极则在传感器内。下面介绍测量差压、加速度、液位、荷重、位移用的五种电容式传感器。

### 1. 电容式差压传感器

图 4 – 14（a）所示为电容式差压传感器结构示意图。这种传感器结构简单、灵敏度高、响应速度快（约 100 ms），能测微小压差（0 ~ 0.75 Pa）。它由两个玻璃圆盘和一个金属（不锈钢）膜片组成。两玻璃圆盘上的凹面深约 25 μm，其上各镀以金作为电容式两个固定电极，而夹在两凹圆盘中的膜片则为传感器的可动电极。两边压力 $p_1$、$p_2$ 相等时，膜片处在中间位置与左、右固定电极间距相等，经转换电路 [图 4 – 14（b）] 输出 $U_o = 0$；当 $p_1 > p_2$（或 $p_2 > p_1$）时，膜片弯向 $p_2$（或 $p_1$），$C_{ab} < C_{db}$（或 $C_{ab} > C_{db}$），$U_o$ 输出与 $|p_1 - p_2|$ 成比例信号。这种压差式传感器不仅用来测量 $p_1$ 与 $p_2$ 的压差，也可以用来测量真空或微小绝对压力，此时只要把膜片的一侧密封并被抽到高真空（$10^{-5}$ Pa）即可。

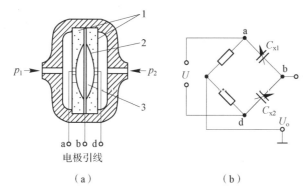

图 4-14　电容式差压传感器结构示意图及其转换电路

(a) 结构示意图；(b) 转换电路

1—玻璃盘；2—镀金层；3—金属膜片

## 2. 电容式加速度传感器

电容式加速度传感器结构示意图如图 4-15 所示。质量块 4 由两个簧片 3 支撑置于充满空气的壳体 2 内，弹簧较硬使系统的固有频率较高，因此构成惯性式加速度计的工作状态。当测量垂直方向上的直线加速度时，传感器壳体固定在被测振动体上，振动体的振动使壳体相对质量块运动，因而与壳体 2 固定在一起的两固定极板 1、5 相对质量块 4 运动，致使上固定极板 5 与质量块 4 的 A 面（磨平抛光）组成的电容值以及下固定极板 1 与质量块 4 的 B 面（磨平抛光）组成的电容 值随之改变（一个增大，一个减小），它们的差值正比于被测加速度。由于采用空气阻尼，气体黏度的温度系数比液体小得多，因此这种加速度传感器的精度较高，频率响应范围宽，量程大，可以测得很高的加速度值。

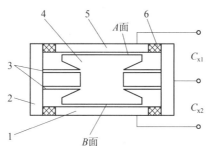

图 4-15　电容式加速度传感器结构示意图

1, 5—固定极板；2—壳体；3—弹簧；4—质量块；6—绝缘体

## 3. 电容式液位传感器

图 4-16 所示为飞机上使用的一种油量表。它采用了自动平衡电桥电路，由油箱液位电容式传感装置、交流放大器、两相伺服电动机、减速器、指针等部件组成。电容式传感器电容 $C_x$ 接入电桥的一个臂，$C_0$ 为固定的标准电容器，$R_w$ 为归整电桥平衡的电位器，其电刷与指针同轴连接。

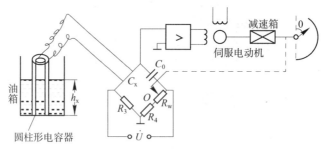

图 4 – 16　用于油箱液位检测的电容

（1）当油箱无油时，电容式传感器有一起始电容 $C_x = C_{x0}$。令 $C_x = C_{x0}$，且 $R_w$ 的滑动臂位于零点（即 $R_w = 0$），相应指针也指在零上，令

$$\frac{C_{x0}}{C_0} = \frac{R_4}{R_3} \tag{4 – 48}$$

使电桥处于平衡状态，输出为零，伺服电动机不转动。

（2）当油箱中油量增加后，液位上升至 $h_x$ 处，则 $C_x = C_{x0} + \Delta C_x$，$\Delta C_x$ 与 $h_x$ 成正比。假设 $\Delta C_x = k_1 h_x$，此时电桥失去平衡，电桥输出电压经放大后驱动伺服电动机，经减速后一方面带动指针偏转 $\theta$ 角，以指示出油量；另一方面调节可变电阻 $R_w$，使电桥重新恢复平衡。在新的平衡位置上有

$$\frac{C_{x0} + \Delta C_x}{C_0} = \frac{R_4 + R_w}{R_3} \tag{4 – 49}$$

整理得

$$R_w = \frac{R_3}{C_0} \Delta C_x = \frac{R_3}{C_0} k_1 h_x \tag{4 – 50}$$

因为指针与电位计滑动臂同轴连接，$R_w$ 和 $\theta$ 角之间存在确定的对应关系，设 $\theta = k_2 R_w$，则有

$$\theta = k_2 R_w = k_1 k_2 \frac{R_3}{C_0} h_x \tag{4 – 51}$$

可见，$\theta$ 与 $h_x$ 呈线性关系，因而可以从刻度盘上读出油位高度 $h_x$。

### 4. 电容式荷重传感器

电容式荷重传感器结构如图 4 – 17 所示。弹性元件是一块中间开有一排圆孔的特种钢（一般用镍铬钼钢）。在孔内壁以特殊的黏接剂固定两个截面为 T 形的绝缘体，相对面粘有铜箔，形成一排平板电容。当钢板上端面承受质量时，圆孔变形而导致极板间距离变小，电容增大，由于在电路上各电容并联，所测得的值为平均作用力变化量。

此种荷重传感器的特点是测量误差小，受接触面的影响小，检测电路可装于孔内，无感应现象，工作可靠。

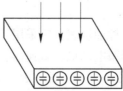

图 4 – 17　电容式荷重传感器结构

### 5. 电容式位移传感器

测量位移（线、角位移）是电容式传感器的主要应用，图 4 – 18 所示为一种电容式线位移传感器结构。电容器由两个同轴圆形片构成的极板 1、2 组成。当极板沿中心轴方向随被测体移动时，两极板的遮盖面积改变，使电容量变化。测量该值便可确定位移量的大小。

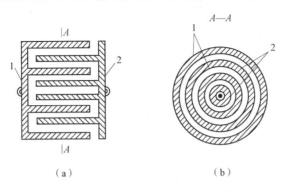

（a）　　　　　　　　　　（b）

图 4 – 18　电容式线位移传感器结构
1，2—极板

# 4.4　霍尔式压力传感器

霍尔式压力传感器是利用霍尔元件测量弹性元件变形的电测压力传感器。它具有结构简单、体积小、频率响应宽、动态范围（输出电势的变化）大、可靠性高、易于微型化和集成电路化等点；但信号转换效率低、受温度影响大，使用于要求转换精度高的场合必须进行温度补偿。

霍尔传感器是基于霍尔效应的一种传感器。1879 年美国物理学家霍尔首先在金属材料中发现了霍尔效应，但由于金属材料的霍尔效应太弱而没有得到应用。随着半导体技术的发展，开始用半导体材料制成霍尔元件，由于它的霍尔效应显著而得到应用和发展。

## 4.4.1　霍尔效应及霍尔元件

置于磁场中的静止载流导体，当它的电流方向与磁场方向不一致时，载流导体上垂直于电流和磁场方向上的两个面之间产生电动势，这种现象称为霍尔效应，该电势称为霍尔电势，半导体薄片称为霍尔元件。

在垂直于外磁场 $B$ 的方向上放置一个导电板，导电板通以电流 $I$，方向如图 4 – 19 所示。

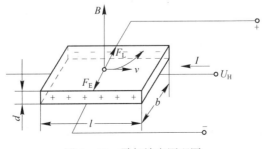

图 4 – 19　霍尔效应原理图

导电板中的电流是金属中自由电子在电场作用下的定向运动。此时，每个电子受洛伦磁力 $F_L$ 的作用，$F_L$ 的大小为

$$F_L = -evB \tag{4-52}$$

式中，$e$——电子电荷；

$v$——电子运动平均速度；

$B$——磁场的磁感应强度。

$F_L$ 的方向在图 4-19 中是向上的，此时电子除了沿电流反方向做定向运动外，还在 $F_L$ 的作用下向上漂移，结果使金属导电板上底面积累电子，而下底面积累正电荷，从而形成了附加内电场 $E_H$，称为霍尔电场，该电场强度为

$$E_H = \frac{U_H}{b} \tag{4-53}$$

式中，$U_H$ 为电位差。霍尔电场的出现，使定向运动的电子除了受洛伦兹力的作用外，还受到霍尔电场的作用力 $F_e$，其大小为 $-eE_H$，此力阻止电荷继续积累。随着上、下底面积累电荷的增加，霍尔电场增加，电子受到的电场力也增加，当电子所受洛伦兹力和霍尔电场作用力大小相等、方向相反时，即

$$-eE_H = -evB \tag{4-54}$$
$$E_H = vB$$
$$U_H = bvB \tag{4-55}$$

此时电荷不再向两底面积累，达到平衡状态。

若金属导电板单位体积内电子数为 $n$，电子定向运动平均速度为 $v$，则激励电流 $I = nvbd \ (-e)$，则

$$v = -\frac{I}{bdne} \tag{4-56}$$

整理得

$$E_H = -\frac{IB}{bdne} \tag{4-57}$$

式中，令 $R_H = -1/ne$，称之为霍尔常数，其大小取决于导体载流子密度，则

$$U_H = R_H \frac{IB}{d} = K_H IB \tag{4-58}$$

式中，$K_H = R_H/d$ 称为霍尔片的灵敏度。

可见，霍尔电势正比于激励电流及磁感应强度，其灵敏度与霍尔常数 $R_H$ 成正比而与霍尔片厚度 $d$ 成反比。为了提高灵敏度，霍尔元件常制成薄片形状。

霍尔电势的大小还与霍尔元件的几何尺寸有关。一般要求霍尔元件灵敏度越大越好，霍尔元件的厚度 $d$ 与 $K_H$ 成反比，因此，霍尔元件越薄，其灵敏度越高。

一般来说，金属材料载流子迁移率很高，但电阻率很小；而绝缘材料电阻率极高，但载流子迁移率极低。故只有半导体材料适于制造霍尔片。目前常用的霍尔元件材料有锗、硅、砷化铟、锑化铟等半导体材料。其中，N 型锗容易加工制造，其霍尔系数、温度性能和线性度都较好。N 型硅的线性度最好，其霍尔系数、温度性能同 N 型锗相近。锑化铟对温度最敏感，尤其在低温范围内温度系数大，但在室温时其霍尔系数较大。砷化铟的霍尔系数较

小，温度系数也较小，输出特性线性度好。

霍尔元件的结构很简单，它由霍尔片、引线和壳体组成，霍尔元件外形及封装图如图 4 - 20 所示。

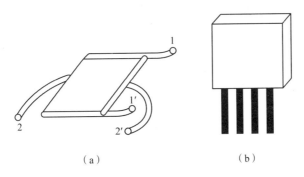

（a）　　　　　　　　　　　（b）

图 4 - 20　霍尔元件外形及封装图

**例 4 - 4**　霍尔元件灵敏度为 $R_H = -1/(ned)$，式中：$n$ 为半导体单位体积中的载流子数，$e$ 为电子电荷量，$d$ 为霍尔元件的厚度。为了提高霍尔元件灵敏度，霍尔元件在选材和结构设计应中，应注意考虑哪些问题？并说明原因。

答：首先要考虑选材问题，最好选择半导体材料，因为半导体单位体积中的载流子数 $n$ 较小；其次要考虑结构问题，最好选择薄片结构，使厚度 $d$ 变小。

## 4.4.2　霍尔式压力传感器工作原理

由式（4 - 53）可见，在控制电流不变的情况下，霍尔电势 $U_H$ 与磁感应强度 $B$ 成正比。如果设法形成一个线性不均匀磁场，并且使霍尔元件在这个磁场中移动，这时将输出一个与位移大小成正比的霍尔电势。采用两个相同的磁铁，布置如图 4 - 21 所示，就可以得到一个线性的不均匀磁场。两个磁极间的磁感应强度分布曲线如图 4 - 21 所示。为得到较好的线性分布，磁极端面做成特殊形状的磁靴。

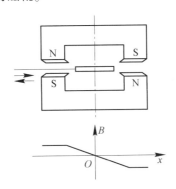

图 4 - 21　产生线磁场的磁极

图 4 - 22 所示为霍尔式压力传感器结构原理图。霍尔元件直接与弹性元件（弹簧管或膜盒等）的位移输出端相连接，弹性元件是一个膜盒，当被测压力发生变化时，膜盒顶端芯杆将产生位移推动带有霍尔片的杠杆，霍尔片在由四个磁极构成的线性不均匀磁场中运动，使作用在霍尔元件上的磁场变化。因此，输出的霍尔电势也随之变化。当霍尔片处于两对磁极

中间对称位置时，由于在霍尔片两半通过的磁通量大小相等、方向相反，所以总的输出电势等于0。当在压力作用下使霍尔元件偏离中心平衡位置时，由于是非均匀磁场，这时霍尔元件的输出电势就不再是0，而是与压力大小有关的某一数值。由于磁场是线性分布，所以霍尔元件的输出随位移（压力）的变化也是线性的。由图4-22可见，被测压力等于0时，霍尔元件平衡；当输入压力是正压时，霍尔元件向上运动；当输入压力是负压时，霍尔元件向下运动，此时输出的霍尔电势符号也发生变化。

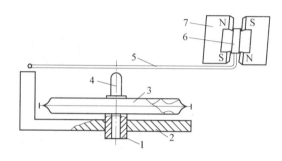

图4-22　霍尔式压力传感器结构原理图

1—管接头；2—基座；3—膜盒；4—芯杆；5—杠杆；6—霍尔元件；7—磁铁

### 4.4.3　霍尔式压力传感器的应用

图4-23所示为霍尔式压力传感器。它由两部分组成：一部分是弹性元件，用它来感受压力，并把压力转换成位移量；另一部分是霍尔元件与磁系统。通常把霍尔元件固定在弹性元件上，这样当弹性元件产生位移时，将带动霍尔元件在具有均匀梯度的磁场中运动，从而产生霍尔电势，完成将压力或压差转换为电量的任务。

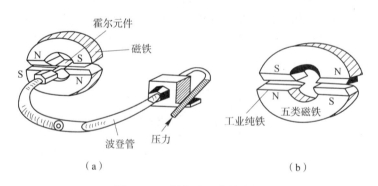

图4-23　霍尔式压力传感器

如图4-23（b）所示，霍尔式压力传感器的磁路系统由两块宽度为11 mm的半环形五类磁铁组成，两端都是由工业纯铁制成的极靴，极靴工作端面积为9 mm×11 mm，气隙宽度为3 mm，极间间隙为4.5 mm，采用HZ-3型锗霍尔元件，激励电流为10 mA，小于额定电流是为了降低元件的温升。其位移量在±15 mm范围内输出的霍尔电势值约为±20 mV。

一般来说，任何非电量只要能转换成位移量的变化，均可利用霍尔式压力传感器的原理转换成霍尔电势。

# 4.5 压电式压力传感器

压电式传感器是一种电量型传感器。它的工作原理是以某些电介质的压电效应为基础。在外力的作用下，电介质的表面会产生电荷，从而实现了力－电荷的转换。因此，压电式传感器可以测量那些最终能转换为力（动态）的物理量，如压力、应力、加速度等。

由于压电元件不仅具有自发电和可逆两种主要性能，还具备体积小、质量轻、结构简单、可靠性高、固有频率高、灵敏度和信噪比高等优点，故压电式传感器得到了飞速发展，被广泛应用于声学、力学、医学、宇航等领域。压电式传感器的主要缺点是无静态输出，电输出阻值要求很高，需要使用低电容的低噪声电缆，并且许多压电材料的工作温度只有250℃左右。

## 4.5.1 压电效应

对于某些电介质物质，在沿着一定方向上受到外力的作用而变形时，内部会产生极化现象，同时在它的两个表面上产生极性相反的电荷；当外力去掉后，又会重新回到不带电的状态，这种将机械能转化为电能的现象称为顺压电效应。相反，在电介质物质的极化方向上反加电场，它会产生机械变形，当去掉外加电场时，电介质的变形也随之消失，这种将电能转化为机械能的现象称为逆压电效应（电致伸缩效应）。顺压电效应和逆压电效应统称压电效应，即压电效应是可逆的。具有压电效应的电介质物质称为压电材料。压电材料有很多种，石英是性能良好的天然压电晶体。此外，压电陶瓷，如钛酸钡、铸铁酸铅等多晶体也具有很好的压电功能。

### 1. 压电晶体

常见压电晶体有天然和人造的石英晶体。石英晶体的化学成分为 $SiO_2$（二氧化硅），压电系数 $d_{11} = 2.31 \times 10^{-12} C/N$。在几百摄氏度的温度范围内，其压电系数稳定不变，具有十分稳定的固有频率 $f_0$，能承受 70～100 MPa 的压力，是理想的压电式压力传感器的压电材料。

除了天然和人造的石英压电材料外，还有水溶性压电晶体。它属于单斜晶系，如酒石酸钾钠（$NaKC_4H_4O_6 \cdot 4H_2O$）、酒石酸乙烯二铵（$C_6H_4N_2O_6$）等；还有正方晶系，如磷酸二氢钾（$KH_2PO_4$）、磷酸二氢铵（$NH_4H_2PO_4$）等。

### 2. 压电陶瓷

压电陶瓷是人造多晶系压电材料，常用的压电陶瓷有钛酸钡、铬钦酸铅、锯酸盐系压电陶瓷。它们的压电常数比石英晶体高，如钛酸钡（$BaTiO_3$）压电系数 $d_{11} = 190 \times 10^{-12} C/N$，但其介电常数、力学性能不如石英好。由于它们品种多，性能各异，可根据它各自的特点制作各种不同的压电式压力传感器。

1）石英晶体的压电效应

石英晶体是最常用的压电晶体之一。图 4 – 24（a）所示为天然石英晶体理想外形，它是一个规则的正六面体。石英晶体有三个互相垂直的晶轴，如图 4 – 24（b）所示。其中纵向 $Z$ 轴称为光轴，它是用光学方法确定的，$Z$ 轴上没有压电效应。经过晶体的棱线，并且垂直于光轴的 $X$ 轴称为电轴；同时垂直于 $X$ 轴与 $Z$ 轴的 $Y$ 轴称为机械轴。

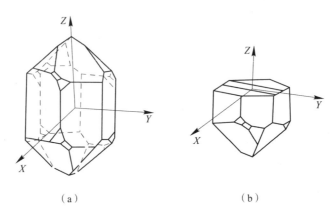

（a）　　　　　　　　　　　（b）

图 4 – 24　石英晶体

（a）天然石英晶体的理想外形；（b）石英晶体三个互相垂直的晶轴

石英晶体的压电效应与其内部结构有关，具体来说，是由于晶格在机械力的作用下发生的变形所产生的。石英晶体的化学分子式为 $SiO_2$，在每个晶体单元中含有 3 个硅离子和 6 个氧离子。每个硅离子有 4 个正电荷，每个氧离子有 2 个负电荷。为了能比较直观地了解石英晶体的压电效应，我们将石英晶体垂直于 $Z$ 轴的硅离子和氧离子的排列在垂直于晶体 $Z$ 轴的 $XY$ 平面的投影等效为图 4 – 25（a）中的正六边形排列。图 4 – 25 中"$\oplus$"代表 $Si^{4+}$，"$\ominus$"代表 $2O^{2-}$。

当石英晶体未受力时，正负离子（即 $Si^{4+}$ 和 $2O^{2-}$）分布在正六边形的顶角上，形成三个互成 120°夹角的电偶极矩 $P_1$、$P_2$ 和 $P_3$（其中 $P_1$、$P_2$ 和 $P_3$ 为矢量），如图 4 – 25（a）所示。$p = ql$，$q$ 为电荷量，$l$ 为正、负电荷之间的距离。此时，因为正、负电荷中心重合，故电偶极矩的矢量和等于零，即 $P_1 + P_2 + P_3 = 0$，这时石英晶体表面不产生电荷，晶体整体呈电中性。

当石英晶体受到沿 $X$ 轴方向的压力 $F_x$ 作用时，晶体沿着 $X$ 轴方向将产生压缩变形，正、负离子的相对位置也随之变化，如图 4 – 25（b）中虚线所示。此时，正、负电荷中心不再重合，电偶极矩 $P_1$ 在 $Y$ 轴方向上分量减小，而电偶极矩 $P_2$ 和 $P_3$ 在 $X$ 轴方向上分量增大，故总的电偶极矩不再等于零，即 $P_1 + P_2 + P_3 > 0$，在 $X$ 轴的正向晶体表面上出现正电荷，电偶极矩在 $Y$ 轴方向分量和仍等于零（因为 $P_1$ 在 $Y$ 轴方向上分量为零，$P_2$ 和 $P_3$ 在 $Y$ 轴方向上分量大小相等、方向相反），即 $(P_1 + P_2 + P_3)_y = 0$，故在 $Y$ 轴方向晶体表面上不会出现电荷。同时，由于电偶极矩 $P_1$、$P_2$ 和 $P_3$ 在 $Z$ 轴方向的分量均为零，即 $(P_1 + P_2 + P_3)_x = 0$，所以在 $Z$ 轴方向晶体表面上也不会出现电荷。我们把这种沿 $X$ 轴方向作用力而在垂直于 $X$ 轴晶体表面产生电荷的压电效应现象称为"纵向压电效应"。

当石英晶体受到沿 $Y$ 轴方向的压力 $F_y$ 作用时，晶体沿着 $Y$ 轴方向将产生压缩变形，如图 4 - 25（c）中虚线所示。此时，情况与图 4 - 25（b）中类似，电偶极矩 $P_1$ 增大，$P_2$、$P_3$ 减小，则电偶极矩在 $X$ 轴方向的分量为 $(P_1 + P_2 + P_3)_x < 0$，在 $X$ 轴的正向晶体表面上出现负电荷，电荷极性与图 4 - 25 中恰好相反。同样地，在垂直于 $Y$ 轴和 $Z$ 轴方向的晶体表面上不会出现电荷。我们把这种沿 $Y$ 轴方向作用力，而在垂直于 $X$ 轴晶体表面产生电荷的压电效应现象称为"横向压电效应"。

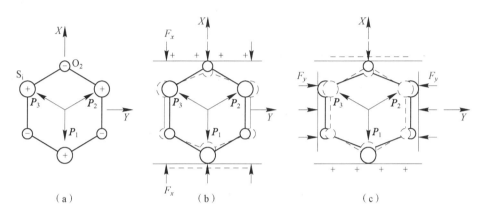

图 4 - 25　石英晶体的压电效应

当石英晶体受到沿 $Z$ 轴方向（垂直于 $XY$ 平面）的力（无论压缩力或拉体力）作用时，因为晶体在 $X$ 轴方向和 $Y$ 轴方向不会产生形变，正、负电荷的中心始终保持重合，电偶极矩在 $X$ 轴方向和 $Y$ 轴方向上的矢量和始终等于零。所以，沿 $Z$ 轴（即光轴）方向施加作用力时，石英晶体将不会产生压电效应。

当作用力 $F_y$ 和 $F_y$ 方向相反时，电荷的极性将随之改变。如果石英晶体的各个方向同时受到均等的作用力（如液体压力、热应力等）时，石英晶体将保持电中性。所以，石英晶体没有体积变形的压电效应。

2）**压电陶瓷的压电效应**

压电陶瓷是人工制造的多晶压电材料。它是由无数细微的电畴组成。这些电畴实际上是分子自发形成并有一定极化方向的小区域，因而存在一定的电场。自发极化的方向完全是任意排列的，如图 4 - 26（a）所示。在无外电场作用时，从整体上看，这些电畴的极化作用会被相互抵消，因此，原始的压电陶瓷呈电中性，不具有压电效应。

为了使压电陶瓷具有压电效应，必须进行极化处理。所谓极化处理，就是在一定温度（100 ~ 170℃）下对压电陶瓷施加强电场（如 20 ~ 30 kV/cm 直流电场），电畴的极化方向发生转动，趋向于外电场的方向，如图 4 - 26（b）所示，这个方向就是压电陶瓷的极化方向。

压电陶瓷的极化过程和铁磁物质的磁化过程非常相似。经过极化处理的压电陶瓷受到外力作用时，电畴的界限发生移动，因此，剩余极化强度将发生变化，压电陶瓷将出现压电效应。

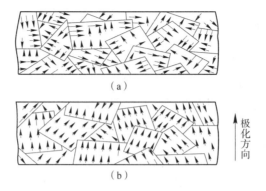

图 4 – 26　钛酸钡压电陶瓷的电畴结构示意图

（a）未极化情况；（b）极化后情况

## 4.5.2　压电式压力传感器等效电路和测量电路

### 1. 压电晶片的连接方式

压电式压力传感器的基本原理是压电材料的压电效应。因此可以用它来测量力和与力有关的参数，如压力、位移、加速度等。

由于外力作用而使压电材料上产生电荷，该电荷只有在无泄漏的情况下才会长期保存，因此需要测量电路具有无限大的输入阻抗，而实际上这是不可能的，所以压电传感器不宜做静态测量；只能在其上加交变力，电荷才能不断得到补充，可以供给测量电路一定的电流，故压电传感器只宜做动态测量。

制作压电式压力传感器时，可采用两片或两片以上具有相同性能的压电晶片粘贴在一起使用。由于压电晶片有电荷极性，因此接法有并联和串联两种，如图 4 – 27 所示。

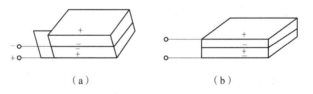

图 4 – 27　两块压电片的连接方式

（a）并联；（b）串联

并联连接压电式压力传感器的输出电容 $C'$ 和极板上的电荷 $q'$ 分别为单块晶体的 2 倍，而输出电压 $U'$ 上与单片上的电压相等，即

$$q' = 2q, C' = 2C, U' = U \qquad (4 - 59)$$

串联时，输出总电荷 $q'$ 等于单片上的电荷，输出电压为单片电压的 2 倍，总电容应为单片的 1/2，即

$$q' = 2q, C' = 2C, U' = U \qquad (4 - 60)$$

由此可见，并联接法虽然输出电荷大，但是由于本身电容大，故时间常数大，只适合测量慢变化信号，并以电荷作为输出的情况。串联接法输出电压高，本身电容小，适合于以电压输出的信号和测量电路输入阻抗很高的情况。

在制作和使用压电式压力传感器时，要使压电晶片有一定的预应力，这是因为压电晶片在加工时即使磨得很光滑，也很难保证接触面的绝对平整，如果没有足够的压力，就不能保证全面的均匀接触。因此事先要给压电晶片一定的预应力，但该预应力不能过大，否则将影响压电式压力传感器的灵敏度。

压电式压力传感器的灵敏度在出厂时已做标定，但随着使用时间的增加会有所变化，其主要原因是其性能发生了变化。实验表明，压电陶瓷的压电常数随着使用时间的增加而减小。因此为了保证传感器的测量精度，应每隔半年进行一次灵敏度校正。石英晶体的长期稳定性很好，灵敏度不变，故无须校正。

### 2. 压电式压力传感器的等效电路

当压电晶片受力时，在晶片的两表面上聚集等量的正、负电荷，晶片的两表面相当于一个电容的两个极板，两极板间的物质等效于一种介质。因此压电晶片相当于一只平行板介质电容器（见图 4 – 28），其电容量为

$$C_e = \frac{\varepsilon A}{d} \tag{4-61}$$

式中，$A$——极板面积；

　　　$d$——压电片厚度；

　　　$\varepsilon$——压电材料的介电常数。

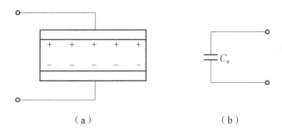

图 4 – 28　等效电路

（a）晶体片受力后两端带电情况；（b）压电晶体等效电容电路

所以，可以把压电式压力传感器等效为一个电压源 $U = q/C_e$ 和一只电容 $C_e$ 串联的电路，如图 4 – 29（a）所示。由图 4 – 29 可知，只有在外电路负载无穷大，且内部无漏电时，受力产生的电压 $U$ 才能长期保持不变；如果负载不是无穷大，则电路就要以时间常数 $R_L C_e$ 按指数规律放电，压电式压力传感器也可以等效为一个电荷源与一个电容并联电路，此时该电路被视为一个电荷发生器，如图 4 – 29（b）所示。

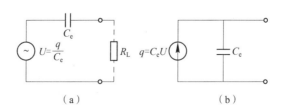

图 4 – 29　压电式压力传感器的等效电路

（a）电压；（b）电荷源

压电式压力传感器在实际使用时，总是要与测量仪表或测量电路相连接，因此还必须考虑连接电缆的等效电容 $C_e$、放大器的输入电阻 $R_i$ 和输入电容 $C_i$，这样压电式压力传感器在测量系统中的等效电路如图 4-30 所示，图中 $C_e$、$R_d$ 分别为传感器的电容和漏电阻。

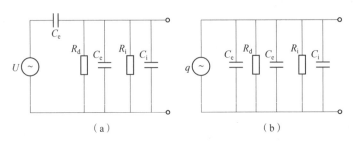

图 4-30　压电式压力传感器在测量系统中的等效电路
（a）电压源；（b）电荷源

## 4.5.3　压电式传感器的应用

### 1. 压电式测力传感器

图 4-31 所示为压电式单向测力传感器结构图，它主要由压电晶片、上盖、电极、基座及绝缘套等组成。为提高传感器的灵敏度往往采用两片对放。被测力作用在弹性上盖上，直接传递到压电晶片上，压电晶片受力变形产生电荷，其大小反映了作用力的大小。

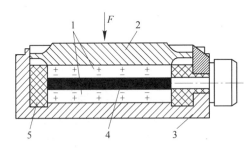

图 4-31　压电式单向测力传感器结构图
1—压电晶片；2—上盖；3—基座；4—电极；5—绝缘套

图 4-32（a）所示为一个压电式三向测力传感器，它可以将作用在其上的包含有 $x$、$y$、$z$ 三个方向分量的合成力分别测出。其内部含有三个方向力的压电晶片，其排列如图 4-32（b）所示，与单向力传感器类似，其每一方向敏感压电晶片皆有两片。为了能分别传递三个方向的分力，三组压电晶片利用了两种不同的压电效应。感受 $z$ 方向正压力的是利用横向或纵向压电效应，而感受 $x$ 和 $y$ 方向侧向压力的是利用剪切压电效应。这样三对压电晶片的电荷输出分别反映了三个方向的力分量。

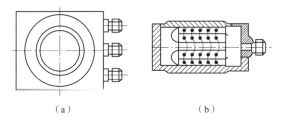

（a）　　　　　　　（b）

图 4 - 32　压电式三向测力传感器结构图

## 2. 压电式压力传感器

图 4 - 33 所示为压电式压力传感器结构，它主要由石英晶片、膜片、薄壁管、外壳等组成。石英晶片由多片叠放在薄壁管内，并由拉紧的薄壁管对石英晶片加预载力。感受外部压力的是位于外壳和薄壁管之间的膜片，它由挠性很好的材料制成。膜片式压力传感器的优点是动、静态特性好，结构紧凑。

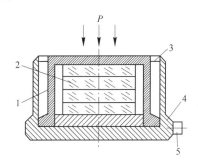

图 4 - 33　压电式压力传感器结构

1—薄壁管；2—石英晶片；3—膜片；4—外壳；5—电缆插座

## 3. 压电式加速度传感器

图 4 - 34 所示为集成式压电加速度传感器结构。加速度传感器内部装有微型电荷变换器，由恒流源供电，其输出为低阻信号。

当加速度传感器和被测物一起受到冲击振动时，压电元件受质量块惯性力作用，大小为 $F = ma$（$m$ 为质量块质量，$a$ 是加速度）。由于压电效应，压电元件产生的电荷与力 $F$ 成正比，即与加速度成正比，因此测得加速度传感器产生的电荷便可知加速度的大小。

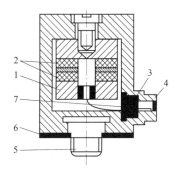

图 4 - 34　集成式压电加速度传感器结构

1—质量块；2—压电晶片；3—超小型阻抗变换器；
4—电缆插座；5—绝缘螺钉；6—绝缘套筒；7—引线电容式传感器

## 习 题

**1. 填空**

（1）电阻丝在外力作用下发生机械变形时，其电阻值发生变化，这一现象是（ ）效应。

（2）泊松系数是（ ）与纵向应变之比。

（3）金属电阻应变片敏感栅的形式和材料很多，其中形式以（ ）式最多，材料以康铜的最广泛。

（4）电阻应变片是由（ ）、基底、引线、盖层组成。

（5）导电材料因变形而引起的电阻值变化的现象称为（ ）效应。

（6）用弹性元件和（ ）及一些附件可以组成应变式传感器。

（7）电阻应变片构成差动电桥电路时，不仅可以提高灵敏度，同时还有消除（ ）的作用。

（8）电阻应变片传感器常用来检测力、（ ）等物理量。

（9）半导体材料受到应力作用时，其电阻率会发生变化，这种现象就称为（ ）。

（10）电阻丝在外力作用下发生机械变形时，其电阻值发生变化，这一现象是（ ）效应。

（11）电阻应变片是将被测试件上的应变转换成（ ）的传感元件。

**2. 判断**

（1）温度变化也会使应变片的电阻值发生变化，由此产生检测误差。 （ ）

（2）电阻应变片发生的应变属于电量变化。 （ ）

（3）无论何种传感器，若要提高灵敏度，必然会增加非线性误差。 （ ）

（4）应变片的电阻发生变化属于电参量变化。 （ ）

**3. 选择**

（1）金属电阻应变片的电阻相对变化主要是由于电阻丝的（ ）变化产生的。

A. 温度　　　　B. 电阻率　　　　C. 形状　　　　D. 材质

（2）若两个应变量变化完全相同的应变片接入测量电路的相对桥臂，则电桥的输出将（ ）。

A. 增大　　　　B. 减小　　　　C. 不变　　　　D. 可能增大可能减小

（3）制作应变片敏感栅的材料中，用得最多的金属材料是（ ）。

A. 铜　　　　B. 铂　　　　C. 康铜　　　　D. 镍铬合金

（4）电阻应变片的工作原理是基于（ ）。

A. 压阻效应　　　　B. 压电效应　　　　C. 涡流效应　　　　D. 应变效应

（5）电阻应变片的测量电路的直流电桥的平衡条件是（ ）。

A. 相对臂比值相等

B. 相邻臂比值相等

C. 相对臂乘积不定

D. 相邻臂乘积相等

（6）半导体应变片的工作原理是基于（　　）效应。

A. 压阻　　　　B. 应变　　　　C. 霍尔　　　　D. 光电

（7）通常用应变式传感器测量（　　）。

A. 温度　　　　B. 速度　　　　C. 加速度　　　　D. 压力

（8）箔式应变片的箔材厚度多在（　　）之间。

A. 0.003～0.01 mm

B. 0.01～0.1 mm

C. 0.01～0.1 μm

D. 0.000 1～0.001 μm

（9）由（　　）和应变片以及一些附件组成的装置称为应变式传感器。

A. 弹性元件　　　　　　　　B. 调理电路

C. 信号采集电路　　　　　　D. 敏感元件

（10）电阻式应变传感器测量力，测量力使应变片产生应变，同时（　　）值发生相对变化。

A. 电阻　　　　B. 电容　　　　C. 电感　　　　D. 自感

（11）为了减小非线性误差采用差动式，其灵敏度和原先相比（　　）。

A. 降低二倍　　B. 降低一倍　　C. 提高二倍　　D. 提高一倍

（12）应变式电阻传感器中的测量电路在初始状态时，经调整、补偿后输出应为（　　）。

A. 很小的电压值　　　　　　B. 为零

C. 不确定值　　　　　　　　D. 负值

（13）应变片传感原理是（　　）。

A. 受力→温度变化→电阻变化

B. 受力→尺寸变化→电阻变化

C. 受力→电压变化→电阻变化

D. 受力→功率变化→电阻变化

（14）应变片的主要参数有（　　）。（多选）

A. 初始电阻值

B. 额定电压

C. 允许电流

D. 几何尺寸

（15）（　　）的基本工作原理是基于压阻效应。

A. 金属应变片　　B. 半导体应变片　　C. 光敏电阻

（16）由应变片的横向效应可知，电阻丝绕成敏感栅后电阻变化（　　），应变片灵敏度系数较电阻丝的灵敏度系数（　　）。（　　）

A. 大、小　　　B. 小、小　　　C. 大、大　　　D. 小、大

（17）电阻应变片的电阻应变效应主要由（　　）引起的。（多选）

A. 电阻丝几何尺寸的变化

B. 电阻丝电阻率的变化

C. 电阻丝温度系数

D. 电阻丝的结构

(18) 电阻应变片种类繁多，常用的可分为两类：（　　　）。

A. 金属箔式应变片半导体电阻应变片

B. 电阻丝式敏感栅有丝式

C. 金属电阻应变式半导体电阻应变片

D. 敏感栅有丝式半导体电阻应变片

(19) 影响金属应变片的灵敏度的主要因素是（　　　）。

A. 金属应变片电阻率的变化

B. 金属应变片几何尺寸的变化

C. 金属应变片物理性质的变化

D. 金属应变片化学性质的变化

(20) （　　　）是采用真空蒸发或真空沉积等方法，将电阻材料在基底上制成一层各种形式敏感栅而形成应变片。这种应变片灵敏度系数高，易实现工业化生产，是一种很有前途的新型应变片。

A. 箔式应变片　　　　　　　　B. 半导体应变片

C. 沉积膜应变片　　　　　　　D. 薄膜应变片

(21) 影响金属导电材料应变灵敏度系数 $k$ 的主要因素是（　　　）。

A. 导电材料电阻率的变化

B. 导电材料几何尺寸的变化

C. 导电材料物理性质的变化

D. 导电材料化学性质的变化

(22) 应变测量中，希望灵敏度高、线性好、有温度自补偿功能，应选择（　　　）测量转换电路。

A. 单臂半桥　　　B. 双臂半桥　　　C. 四臂全桥　　　D. 单臂

(23) 电阻应变式传感器是利用（　　　）将应变转化为（　　　）变化的传感器。（　　　）

A. 应变片、电压

B. 金属箔式、电阻

C. 电阻应变片、电阻

D. 电阻应变片、电压

(24) 利用相邻双臂桥检测的应变式传感器，为使其灵敏度高、非线性误差小，则（　　　）。

A. 两个桥臂都应当用大电阻值工作应变片

B. 两个桥臂都应当用两个工作应变片串联

C. 两个桥臂应当分别用应变量变化相反的工作应变片

D. 两个桥臂应当分别用应变量变化相同的工作应变片

**4. 计算**

(1) 如果将两个 $100\ \Omega$ 的电阻应变片平行于轴线方向粘贴在钢制圆柱形试件上，试件横截面积为 $0.5 \times 10^{-4}\ \mathrm{m}^2$，材料的弹性模量 $E = 200\ \mathrm{GN/m}^2$，由 $50\ \mathrm{kN}$ 的拉力所引起的应变片电阻变化为 $1\ \Omega$，把它们接入惠斯通电桥，电桥供电电压为 $1\ \mathrm{V}$，求：①应变片灵敏系数；②电桥的输出电压。

（2）一测量吊车起吊重物的拉力传感器如图 4 – 35（a）所示。$R_1$、$R_2$、$R_3$、$R_4$按要求贴在等截面轴上。已知：等截面轴的截面积为 0.001 96 m$^2$，弹性模量 $E = 2 \times 10^{11}$ N/m$^2$，泊松比 $\mu = 0.3$，$K = 2$ 且 $R_1 = R_2 = R_3 = R_4 = 120\ \Omega$，所组成的全桥型电路如图 4 – 35（b）所示，供桥电压 $U = 2$ V。现测得输出电压 $U_o = 2.6$ mV。求：①等截面轴的纵向应变及横向应变为多少？②力 $F$ 为多少？

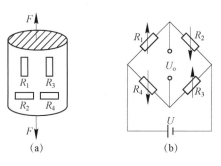

图 4 – 35　拉力传感器及全桥型电路
（a）拉力传感器；（b）全桥型电路

# 第 5 章

## 机械位移检测

针对机械位移检测问题，先后介绍了电容式位移传感器、电感式位移传感器、差动变压器式位移传感器、光栅位移传感器以及位移传感器的应用等内容。

在自动检测系统中，位移的测量是一种最基本的测量工作，它的特性是测量空间距离的大小。按照位移的特征，可分为线位移和角位移。线位移是指机构沿着某一条直线移动的距离，角位移是指机构沿着某一定点转动的角度。这里，主要介绍几种常用的位移传感器。

# 5.1　电位器式位移传感器

位移检测是指测量位移、距离、位置、角度等几何量。根据这类传感器信号的输出形式，可分为模拟式和数字式两大类。模拟式位移传感器包括电容传感器、螺管电感器、差动变压器、涡流探头等。数字式位移传感器包括光栅、磁栅、感应同步器等。机械位移传感器根据被测物体的运动形式可划分为线性位移传感器和角度位移传感器。

机械位移传感器是应用最多的传感器之一。它在工业的自动检测技术中占有很重要的地位，得到了广泛应用。

## 5.1.1　电位器式位移传感器的分类

电位器是人们常用到的一种电子元件，它作为传感器可以将机械位移或其他能转换为位移的非电量，转换为具有一定函数关系的电阻值的变化，从而引起输出电压的变化，所以它是一个机电传感元件。

## 1. 线绕电位器式传感器

线绕电位器的电阻体由电阻丝缠绕在绝缘物上构成，电阻丝的种类很多，电阻丝的材料是根据电位器的结构、容纳电阻丝的空间、电阻值和温度系数来选择的。电阻丝越细，在给定空间内越能获得较大的电阻值和分辨率。但电阻丝过细，在使用过程中容易断开，影响传感器的寿命。

## 2. 非线绕电位器式传感器

为了克服线绕电位器存在的缺点，人们在电阻丝的材料及制造工艺上下了很多工夫，发展了各种非线绕电位器，如合成膜电位器、金属膜电位器、导电塑料电位器、导电玻璃釉电位器、光电电位器等。非线绕电位器式传感器特性如表 5 – 1 所示。

表 5 –1　非线绕电位器式传感器特性

| 电位器 | 特性 |
| --- | --- |
| 合成膜电位器 | 合成膜电位器的电阻体是用具有某一电阻值的悬浮液喷涂在绝缘骨架上形成电阻膜而成的，这种电位器的优点是分辨率较高、阻值范围很宽（100～4.7 MΩ）、耐磨性较好、工艺简单、成本低、输入/输出信号的线性度较好等，其主要缺点是接触电阻大、容易吸潮、噪声较大等 |
| 金属膜电位器 | 金属膜电位器由合金、金属或金属氧化物等材料通过真空溅射或电镀方法，在瓷基体上沉积一层薄膜制成。<br>金属膜电位器具有无限的分辨率，接触电阻很小，耐热性好，它的满负荷温度可达70℃。与线绕电位器相比，它的分布电容和分布电感很小，所以特别适合在高频条件下使用。它的噪声信号仅高于线绕电位器。金属膜电位器的缺点是耐磨性较差，阻值范围窄，一般在10～100 kΩ。这些缺点限制了它的应用 |
| 导电塑料电位器 | 导电塑料电位器又称有机实心电位器，这种电位器的电阻体是由塑料粉及导电材料的粉料经塑压而成。导电塑料电位器的耐磨性好，使用寿命长，允许电刷接触压力很大，因此它在振动、冲击等恶劣的环境下仍能可靠地工作。此外，它的分辨率较高，线性度较好，阻值范围大，能承受较大的功率。导电塑料电位器的缺点是阻值易受温度和湿度的影响，故精度不宜做得很高 |
| 导电玻璃釉电位器 | 导电玻璃釉电位器又称金属陶瓷电位器，它是以合金、金属化合物或难熔化合物等为导电材料，以玻璃釉为黏合剂，经混合烧结在玻璃基体上制成的。导电玻璃釉电位器的耐高温性好，耐磨性好，有较宽的阻值范围，电阻温度系数小且抗湿性强。导电玻璃釉电位器的缺点是接触电阻变化大，噪声大，不易保证测量的高精度 |
| 光电电位器 | 光电电位器是一种非接触式电位器，它用光束代替电刷。光电电位器主要是由电阻体、光电导层和导电电极组成。光电电位器的制作过程是先在基体上沉积一层硫化镉或硒化镉的光电导层，然后在光电导层上再沉积一条电阻体和一条导电电极。在电阻体和导电电极之间留有一个窄的间隙。平时无光照时，电阻体和导电电极之间由于光电导层电阻很大而呈现绝缘状态。当光束照射在电阻体和导电电极的间隙上时，由于光电导层被照射部位的亮电阻很小，使电阻体被照射部位和导电电极导通，于是光电电位器的输出端就有电压输出，输出电压的大小与光束位移照射到的位置有关，从而实现了将光束位移转换为电压信号输出。<br>光电电位器最大的优点是非接触型，不存在磨损问题，它不会对传感器系统带来任何有害的摩擦力矩，从而提高了传感器的精度、寿命、可靠性及分辨率。光电电位器的缺点是接触电阻大，线性度差。由于它的输出阻抗较高，需要配接高输入阻抗的放大器。尽管光电电位器有着不少的缺点，但由于它的优点是其他电位器所无法比拟的，因此在许多重要场合仍得到应用 |

### 5.1.2 电位器式位移传感器的结构

目前，常见的位移传感器如图 5-1 所示，从结构上来看，可以分为推拉式和旋转式两种结构。

图 5-1 常见的位移传感器

不管哪一种结构形式，主要都由电刷、滑动臂、转轴（或拉杆）、电阻体（或基片）、焊片（或引线）及外壳几部分组成。

电位器式位移传感器应用电路图如图 5-2 所示。

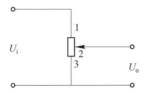

图 5-2 电位器式位移传感器应用电路图

当滑动端位置改变时，阻值 $R_{12}$ 和 $R_{23}$ 均发生变化，但总阻值 $R_{13}$ 保持不变；设 $X$ 为位移传感器电刷移动长度，$L$ 为位移传感器的最大位移，则

$$R_{23} = \frac{X}{L} R_{13} \tag{5-1}$$

若在 $R_{13}$ 端加激励信号 $U_i$，其输出电压 $U_o$ 的值为

$$U_o = \frac{R_{23}}{R_{13}} \times U_i \tag{5-2}$$

$$= \frac{X}{L} U_i$$

即输出电压与位移 $X$ 成正比，通过测量 $U_o$ 的值，再根据 $U_i$ 及 $L$ 的值，即可求出位移 $X$。

# 5.2 电感式位移传感器

电感式传感器是利用电磁感应原理将被测非电量转换成线圈自感量 $L$ 或互感量 $M$ 的变

化，再由测量电路转换为电压或电流的变化量输出的装置。

优点：结构简单、工作可靠、寿命长、测量精度高、零点稳定、输出功率较大等。

缺点：灵敏度、线性度和测量范围相互制约，传感器自身频率响应低，不适用于快速动态测量。

电感式传感器种类很多，有利用自感原理的自感式传感器，利用互感原理做成的差动变压器式传感器，还有利于涡流原理的涡流式传感器等。

本节主要介绍自感式传感器中的变磁阻式传感器。

### 1. 工作原理

变磁阻式传感器由线圈、铁芯（定铁芯）、衔铁（动铁芯）组成，变磁阻式传感器示意图如图 5 - 3 所示。

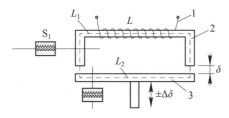

图 5 - 3　变磁阻式传感器示意图
1—线圈；2—铁态；3—衔铁

铁芯和衔铁由导磁材料如硅钢片或坡莫合金制成，在铁芯和衔铁之间有气隙，气隙厚度为 $\delta$，传感器的运动部分与衔铁相连。

当衔铁移动时，气隙厚度 $\delta$ 发生改变，引起磁路中磁阻变化，从而导致电感线圈的电感值变化，只要能测出这种电感量的变化，就能确定衔铁位移量的大小和方向。

根据电感定义，线圈中电感量可由下式确定：

$$L = \frac{\Psi}{I} = \frac{N\Phi}{I} \tag{5-3}$$

式中，$\Psi$——线圈总磁链；

$I$——通过线圈的电流；

$N$——线圈的匝数；

$\Phi$——穿过线圈的磁通。

由磁路欧姆定律得磁通表达式：

$$\Phi = \frac{IN}{R_{\mathrm{m}}} \tag{5-4}$$

式中，$R_{\mathrm{m}}$——磁路总磁阻。

对于变隙式传感器，因为气隙很小，若忽略磁路磁损，则磁路总磁阻为

$$R_{\mathrm{m}} = \frac{L_1}{\mu_1 S_1} + \frac{L_2}{\mu_2 S_2} + \frac{2\delta}{\mu_0 S_0} \tag{5-5}$$

式中，$\mu_1$——铁芯材料的磁导率（H/m）；

$\mu_2$——衔铁材料的磁导率（H/m）；

$L_1$——磁通通过铁芯的长度（m）；

$L_2$——磁通通过衔铁的长度（m）；

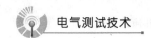
$S_1$——铁芯的截面积（$m^2$）；

$S_2$——衔铁的截面积（$m^2$）；

$\mu_0$——空气的磁导率（$4\pi \times 10^{-7} H/m$）；

$S_0$——气隙的截面积（$m^2$）；

$\delta$——气隙的厚度（m）。

通常气隙磁阻远大于铁芯和衔铁的磁阻，即

$$\frac{2\delta}{\mu_0 S_0} \gg \frac{L_1}{\mu_1 S_1}$$

$$\frac{2\delta}{\mu_0 S_0} \gg \frac{L_2}{\mu_2 S_2} \tag{5-6}$$

则可近似认为

$$R_m \approx \frac{2\delta}{\mu_0 S_0} \tag{5-7}$$

联立前几式，可得

$$L = \frac{N^2}{R_m} = \frac{N^2 \mu_0 S_0}{2\delta} \tag{5-8}$$

式（5-8）表明，当线圈匝数为常数时，电感 $L$ 仅仅是磁路中磁阻的函数，只要改变 $\delta$ 或 $S_0$ 均可导致电感变化。

因此变磁阻式传感器又可分为变气隙厚度 $\delta$ 的传感器和变气隙面积 $S$ 的传感器。使用最广泛的是变气隙厚度式电感传感器。变磁阻式传感器性能对比如表 5-2 所示。

表 5-2　变磁阻式传感器性能对比

| 形式 | 特性曲线 | 线性 | 灵敏度 | 使用范围 | 应用 |
|---|---|---|---|---|---|
| 气隙变化型 | $L$ / $\delta$ | 最差 | 间隙较小时，灵敏度较大，一般 $\delta = 0.2 \sim 0.5\ mm$ | 最小 | 小尺寸高精度测量，可完成非接触式测量 |
| 面积变化型 | $L$ / $x$ | 良好 | 一般 | 一般 | 较少 |
| 螺管型 | $L$ / $x$ | 最好 | 一般 | 较长 | 最广泛 |

## 2. 输出特性

设电感传感器初始气隙为 $\delta_0$，初始电感量为 $L_0$，衔铁位移引起的气隙变化量为 $\Delta\delta$，可知 $L$ 与 $\delta$ 之间是非线性关系（图 5-4），初始电感量为

$$L_0 = \frac{\mu_0 S_0 N^2}{2\delta_0} \tag{5-9}$$

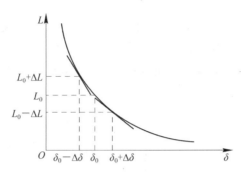

图 5-4　变隙式电压传感器的 $L$-$\delta$ 特性

当衔铁上移 $\Delta\delta$ 时，传感器气隙减小 $\Delta\delta$，即

$$\delta = \delta_0 - \Delta\delta \tag{5-10}$$

则此时输出电感为

$$L = L_0 + \Delta L \tag{5-11}$$

代入上式整理得

$$L = L_0 + \Delta L = \frac{N^2 \mu_0 S_0}{2(\delta_0 - \Delta\delta)} = \frac{L_0}{1 - \dfrac{\Delta\delta}{\delta_0}} \tag{5-12}$$

当 $\Delta\delta/\delta \in (0,1)$ 时，可将式（5-12）用泰勒级数展开成级数形式为

$$L = L_0 + \Delta L = L_0 \left[1 + \left(\frac{\Delta\delta}{\delta_0}\right) + \left(\frac{\Delta\delta}{\delta_0}\right)^2 + \left(\frac{\Delta\delta}{\delta_0}\right)^3 + \cdots\right] \tag{5-13}$$

由式（5-13）可求得电感增量和相对增量的表达式，即

$$\Delta L = L_0 \frac{\Delta\delta}{\delta_0}\left[1 + \left(\frac{\Delta\delta}{\delta_0}\right) + \left(\frac{\Delta\delta}{\delta_0}\right)^2 + \cdots\right] \tag{5-14}$$

$$\frac{\Delta L}{L_0} = \frac{\Delta\delta}{\delta_0}\left[1 + \left(\frac{\Delta\delta}{\delta_0}\right) + \left(\frac{\Delta\delta}{\delta_0}\right)^2 + \cdots\right] \tag{5-15}$$

当衔铁下移 $\Delta\delta$ 时，传感器气隙增大 $\Delta\delta$，整理得

$$\Delta L = L_0 \frac{\Delta\delta}{\delta_0}\left[1 - \left(\frac{\Delta\delta}{\delta_0}\right) - \left(\frac{\Delta\delta}{\delta_0}\right)^2 - \cdots\right]$$

$$\frac{\Delta L}{L_0} = \frac{\Delta\delta}{\delta_0}\left[1 - \left(\frac{\Delta\delta}{\delta_0}\right) - \left(\frac{\Delta\delta}{\delta_0}\right)^2 - \cdots\right] \tag{5-16}$$

线性处理，忽略高次项，可得

$$\frac{\Delta L}{L_0} = \frac{\Delta\delta}{\delta_0} \tag{5-17}$$

灵敏度为

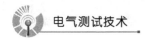

$$k_0 = \frac{\frac{\Delta L}{L_0}}{\Delta \delta} = \frac{1}{\delta_0} \qquad (5-18)$$

由此可见，自感式变间隙式传感器的测量范围与灵敏度及线性度相矛盾，所以变隙式电感式传感器用于测量微小位移时是比较精确的。

**例 5-1** 分析电感传感器出现非线性的原因，并说明如何改善。

答：原因是改变了空气隙长度；

改善方法是让初始空气隙距离尽量小，使用差动式传感器，其灵敏度增加，非线性减少。

**例 5-2** 图 5-5 所示为自感式电感传感器的测量电路。$Z_1$、$Z_2$ 为传感器阻抗，设当衔铁下移时，$Z_1 = Z - \Delta Z$，$Z_2 = Z + \Delta Z$。试推导出 $U_o = f(\Delta Z)$ 的函数关系和灵敏度 $K = U_o / \Delta Z$ 的数学表达式。

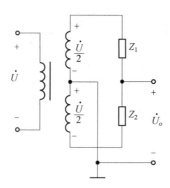

图 5-5　自感式电感传感器测量电路

整个桥路的闭合回路电流为

$$-\frac{\dot{U}}{2} + \dot{I}(Z_1 + Z_2) - \frac{\dot{U}}{2} = 0$$

$$\dot{I} = \frac{\dot{U}}{Z_1 + Z_2}$$

$$\dot{U}_o = \dot{I}Z_2 - \frac{\dot{U}}{2} = \frac{\dot{U}Z_2}{Z_1 + Z_2} - \frac{\dot{U}}{2} \qquad (1)$$

$$= \frac{\dot{U}}{2} \cdot \frac{Z_2 - Z_1}{Z_1 + Z_2}$$

（1）处于初始状态时，$Z_1 = Z_2 = Z$，代入式（1），得输出电压

$$\dot{U}_o = 0$$

（2）衔铁下移时，$Z_1 = Z - \Delta Z$，$Z_2 = Z + \Delta Z$，代入式（1），得输出电压

$$\dot{U}_o = \frac{\dot{U}}{2Z} \Delta Z$$

$$K = \frac{\dot{U}_o}{\Delta Z} = \frac{\dot{U}}{2Z}$$

谐振式调幅电路如图 5-6 所示。

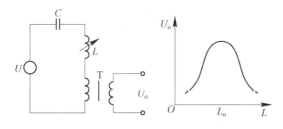

图 5 - 6    谐振式调幅电路

在调幅电路中，传感器电感 $L$ 与电容 $C$ 和变压器原边串联在一起，接入交流电源，变压器副边将有电压 $U_o$ 输出，输出电压的频率与电源频率相同，而幅值随着电感 $L$ 而变化。其中 $L_o$ 为谐振点的电感值。该测量电路灵敏度很高，但线性差，适用于线性要求不高的场合。

# 5.3    差动变压器式位移传感器

互感式传感器是把被测的非电量变化转换为线圈互感量变化的传感器。它根据变压器的基本原理制成，并且次级绕组都用差动形式连接，故又称为差动变压器式传感器。

差动变压器结构形式较多，有变隙式、变面积式和螺线管式等，但其工作原理基本一样。

非电量测量中，应用最多的是螺线管式差动变压器，它可以测量 1～100 mm 范围内的机械位移，并具有测量精度高、灵敏度高、结构简单、性能可靠等优点。

## 1. 工作原理

螺线管式差动变压器结构如图 5 - 7 所示。

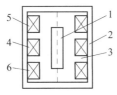

图 5 - 7    螺线管式差动变压器结构
1—活动衔铁；2—导磁外壳；3—骨架；4—匝数为 $W_1$ 的初级线圈；
5—匝数为 $W_{2a}$ 的次级线圈；6—匝数为 $W_{2b}$ 的次级线圈

它由一个初级线圈、两个次级线圈和插入线圈中央的圆柱形铁芯等组成。螺线管式差动变压器按线圈绕组排列的方式不同，可分为一节、二节、三节、四节和五节式等类型。一节式灵敏度高，三节式零点残余电压较小，因此通常采用的是二节式和三节式两类。

差动变压器式传感器中两个次级线圈反向串联，差动变压器等效电路如图 5 - 8 所示。

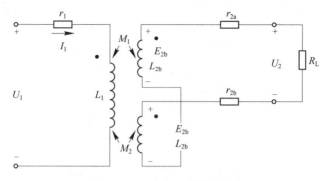

图 5-8　差动变压器等效电路

当初级线圈 $W_1$ 加以激励电压 $U_1$ 时，根据变压器的工作原理，在两个次级线圈 $W_{2a}$ 和 $W_{2b}$ 中便会产生感应电势 $E_{2a}$ 和 $E_{2b}$。

如果工艺上保证变压器结构完全对称，则当活动衔铁处于初始平衡位置时，必然会使两互感系数 $M_1 = M_2$。根据电磁感应原理，将有 $E_{2a} = E_{2b}$。

变压器两次线圈组反向串联，因而 $U_2 = E_{2a} - E_{2b} = 0$，即差动变压器输出电压为零。

活动衔铁向上移动时，由于磁阻的影响，$W_{2a}$ 中磁通将大于 $W_{2b}$，使 $M_1 > M_2$，因而 $E_{2a}$ 增加，而 $E_{2b}$ 减小。因为 $U_2 = E_{2a} - E_{2b}$，所以当 $E_{2a}$、$E_{2b}$ 随着衔铁位移 $x$ 变化时，$U_2$ 也必将随 $x$ 变化。变压器输出电压 – 位移关系曲线图如图 5-9 所示。

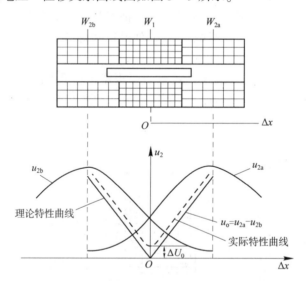

图 5-9　变压器输出电压 – 位移关系曲线图

实际上，当衔铁位于中心位置时，差动变压器输出电压并不等于零，我们把差动变压器在零位移时的输出电压称为零点残余电压，记作 $\Delta U_0$。它的存在使传感器的输出特性不过零点，造成实际特性与理论特性不完全一致。

零点残余电压主要是由传感器的两次级线圈的电气参数与几何尺寸不对称，以及磁性材料的非线性等问题引起的。零点残余电压波形复杂，主要由基波和高次谐波组成。

基波产生的主要原因是：传感器的两次级线圈的电气参数和几何尺寸不对称，导致它们产生的感应电势的幅值不等、相位不同，因此不论怎样调整衔铁位置，两线圈中感应电势都不能完全抵消。高次谐波中起主要作用的是三次谐波，产生的原因是由于磁性材料磁化曲线的非线性。

零点残余电压一般在几十毫伏以下，在实际使用时，应设法减小，否则将会影响传感器的测量结果。

**例 5 – 3**　请说明差动气隙电感传感器的工作过程和差动形式的作用。

答：根据电感式传感器的工作原理可知，电感与气隙成反比，为非线性关系。

将电感式传感器做成差动形式后，当气隙 $\delta$ 变化 $\Delta\delta$ 时，一边电感气隙减小 $\Delta\delta$，另一边电感增加 $\Delta\delta$，叠加后用泰勒级数展开后，灵敏度提高且有效地减小了非线性误差。

因此电感式传感器采用差动形式的作用是提高传感器的灵敏度，减小非线性误差的影响。

### 2. 测 量 电 路

电感式传感器的测量电路有交流电桥式、交流变压器式以及谐振式等几种形式。

输出端对称交流电桥测量电路如图 5 – 10 所示，把传感器的两个线圈作为电桥的两个桥臂，另外两个相邻的桥臂用纯电阻代替。

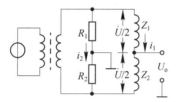

图 5 – 10　交流电桥测量电路

对于高 $Q$ 值（$Q = \omega L/R$）的差动式电感传感器，其输出电压为

$$\dot{U}_o = \frac{U}{2} \cdot \frac{\Delta Z}{Z} = \frac{U}{2} \cdot \frac{\mathrm{j}\omega\Delta L}{R_0 + \mathrm{j}\omega L_0} \approx \frac{U}{2} \cdot \frac{\Delta L}{L_0} \tag{5 – 19}$$

式中，$L_0$——衔铁在中间位置时，单个线圈的电感；

　　　$R_0$——其损耗。

　　　$\Delta L$——单线圈电感的变化量。

将 $\Delta L = L_0(\Delta\delta/\delta_0)$ 代入式（5 – 19）得

$$\dot{U}_o = \frac{\dot{U}}{2} \cdot \frac{\Delta\delta}{\delta_0} \tag{5 – 20}$$

变压器式交流电桥测量电路图如图 5 – 11 所示，电桥两臂为传感器线圈阻抗，另外两桥臂为交流变压器次级线圈的 1/2 阻抗。

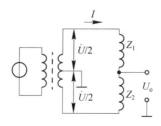

图 5 – 11　变压器式交流电桥测量电路图

当负载阻抗为无穷大时，桥路输出电压

$$\dot{U}_\text{o} = \frac{Z_1 \dot{U}}{Z_1 + Z_2} - \frac{\dot{U}}{2} = \frac{Z_1 - Z_2}{Z_1 + Z_2} \cdot \frac{\dot{U}}{2} \qquad (5-21)$$

当传感器的衔铁处于中间位置，即 $Z_1 = Z_2 = Z$ 时有 $U_\text{o} = 0$，电桥平衡。

当传感器衔铁向上移动时，上面线圈的阻抗增加，而下面的线圈的阻抗减小，即 $Z_1 = Z + \Delta Z$，$Z_2 = Z - \Delta Z$，此时，

$$\dot{U}_\text{o} \frac{\dot{U}}{2} \cdot \frac{\Delta Z}{Z} = \frac{\dot{U}}{2} \cdot \frac{\text{j}\omega \Delta L}{R + \text{j}\omega L} \qquad (5-22)$$

当传感器衔铁下移时，则 $Z_1 = Z - \Delta Z$，$Z_2 = Z + \Delta Z$，此时，

$$\dot{U}_\text{o} = -\frac{\dot{U}}{2} \cdot \frac{\Delta Z}{Z} = -\frac{\dot{U}}{2} \cdot \frac{\text{j}\omega \Delta L}{R + \text{j}\omega L} \qquad (5-23)$$

设线圈 $Q$ 值很高，忽略损耗电阻，则由上两式可写为

$$\dot{U}_\text{o} = \pm \frac{\dot{U}}{2} \cdot \frac{\Delta L}{L} \qquad (5-24)$$

从式（5-24）可知，衔铁上下移动相同距离时，输出电压的大小相等，但方向相反，由于 $U_\text{o}$ 是交流电压，输出指示无法判断位移方向，必须配合相敏检波电路来解决。

**例 5-4** 什么是电感式传感器的零点残余电压？

答：在调幅式电路中，当 $u_\text{o} = 0$ 时，应有 $Z_1 = Z_2 = Z$，而 $Z$ 包含 $R$ 和 $L$ 两部分，只有两部分分别相等时（即 $R_1 = R_2$，$L_1 = L_2$），才能保证 $u_\text{o} = 0$。但在实际中很难达到，实际的 $u_\text{o} - x$ 曲线，$D_x = 0$ 时，$u_0 = e_0$，称为零点残余电压。

**例 5-5** 电感式传感器的零点残余电压过大带来哪些影响？

答：零点残余电压过大带来的影响：灵敏度下降、非线性误差增大，测量有用的信号被淹没，不再反映被测量变化造成放大电路后级饱和，仪表不能正常工作。

**例 5-6** 说明产生差动电感式传感器零位残余电压的原因及减小此电压的有效措施。

答：差动变压器式传感器的铁芯处于中间位置时，在零点附近总有一个最小的输出电压，称为零点残余电压。

产生零点残余电压的主要原因是由于两个次级线圈绕组电气系数（互感 $M$、电感 $L$、内阻 $R$）不完全相同，几何尺寸也不完全相同，工艺上很难保证完全一致。

为减小零点残余电压的影响，一般要用电路进行补偿：①串联电阻；②并联电阻、电容，消除基波分量的相位差异，减小谐波分量；③加反馈支路，初、次级间加入反馈，减小谐波分量；④相敏检波电路对零点残余误差有很好的抑制作用。

**例 5-7** 为什么螺线管式电感传感器比变间隙式电感传感器有更大的测量范围？

答：

（1）螺线管式差动变压器传感器利用互感原理，结构是：塑料骨架中间绕一个初级线圈，两次级线圈分别在初级线圈两边，铁芯在骨架中间可上下移动，根据传感器尺寸大小，可测量 1～100 mm 范围内的机械位移。变间隙式电感传感器是利用自感原理，衔铁与铁芯之间位移（气隙）与磁阻的关系为非线性关系，可动线性范围很小，因此测量范围受到限制。

（2）等效电路与计算。

差动变压器中，当次级开路时，初级线圈激励电流为

$$\dot{I}_1 = \frac{\dot{U}_1}{r_1 + j\omega L_1} \tag{5-25}$$

式中，$\omega$——激励电压 $U_1$ 的角频率；

$U_1$——初级线圈激励电压；

$I_1$——初级线圈激励电流；

$r_1$、$L_1$——初级线圈直流电阻和电感。

根据电磁感应定律，次级绕组中感应电势的表达式分别为

$$\dot{E}_{2a} = -j\omega M_1 \dot{I}_1$$

$$\dot{E}_{2b} = -j\omega M_2 \dot{I}_1 \tag{5-26}$$

由于两次级绕组反向串联，且考虑到次级开路，则由以上关系可得

$$\dot{U}_2 = \dot{E}_{2a} - \dot{E}_{2b} = -\frac{j\omega (M_1 - M_2) \dot{U}}{r_1 + j\omega L_1} \tag{5-27}$$

输出电压的有效值为

$$U_2 = \frac{\omega (M_1 - M_2) U_1}{\left[ r_1^2 + (\omega L_1)^2 \right]^{\frac{1}{2}}} \tag{5-28}$$

下面分三种情况进行分析：

活动衔铁处于中间位置时：$M_1 = M_2 = M$，故 $U_2 = 0$。

活动衔铁向上移动时：$M_1 = M + \Delta M$，$M_2 = M - \Delta$，故 $U_2$ 与 $E_{2a}$ 同极性。

活动衔铁向下移动时：$M_1 = M - \Delta M$，$M_2 = M + \Delta$，故 $U_2$ 与 $E_{2b}$ 同极性。

（3）测量电路。

差动变压器随衔铁的位移而输出的是交流电压，若用交流电压表测量，只能反映衔铁位移的大小，而不能反映移动方向。

测量值中包含零点残余电压。为了达到辨别移动方向及消除零点残余电压的目的，实际测量时，常常采用差动整流电路和相敏检波电路。

差动整流电路具有结构简单，不需要考虑相位调整和零点残余电压的影响，分布电容影响小和便于远距离传输等优点。

这种电路是把差动变压器的两个次级输出电压分别整流，然后将整流的电压或电流的差值作为输出。

差动整流电路如图 5-12 所示，其中电阻 $R_0$ 用于调整零点残余电压。

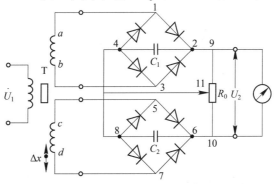

图 5-12　差动整流电路

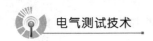 

从图 5 – 12 电路结构可知，不论两个次级线圈的输出瞬时电压极性如何，流经电容 $C_1$ 的电流方向总是从 2 到 4，流经电容 $C_2$ 的电流方向从 6 到 8，故整流电路的输出电压为

$$\dot{U}_2 = \dot{U}_{24} - \dot{U}_{68} \tag{5-29}$$

当衔铁在零位时，因为 $\dot{U}_{24} = \dot{U}_{68}$，所以 $\dot{U}_2 = 0$；

当衔铁在零位以上时，$\dot{U}_{24} > \dot{U}_{68}$，所以 $\dot{U}_2 > 0$；

当衔铁在零位以下时，则有 $\dot{U}_{24} < \dot{U}_{68}$，所以 $\dot{U}_2 < 0$。

相敏检波电路如图 5 – 13 所示。

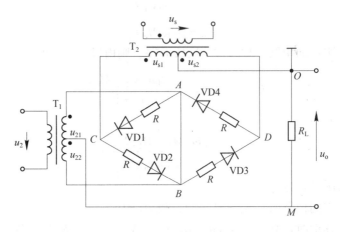

图 5 – 13　相敏检波电路

相敏检波电路由 VD1、VD2、VD3、VD4 四个性能相同的二极管组成，以同一方向串联成一个闭合回路，形成环形电桥。

输入信号（差动变压器式传感器输出的调幅波电压）通过变压器 $T_1$ 加到环形电桥的一个对角线。

参考信号通过变压器 $T_2$ 加入环形电桥的另一个对角线。输出信号 $U_o$ 从变压器 $T_1$ 与 $T_2$ 的中心抽头引出。

平衡电阻 $R$ 起限流作用，避免二极管导通时，变压器 $T_2$ 的次级电流过大，$R_L$ 为负载电阻。$U_s$ 的幅值要远大于输入信号 $U_2$ 的幅值，以便有效控制四个二极管的导通状态，且 $U_s$ 和差动变压器式传感器激磁电压 $U_2$ 由同一振荡器供电，保证二者同频、同相（或反相）。信号波形如图 5 – 14 所示。

由图 5 – 14（a）、图 5 – 14（c）、图 5 – 14（d）可知，当位移 $\Delta x > 0$ 时，$U_s$ 和 $U_2$ 同频同相；当位移 $\Delta x < 0$ 时，$U_s$ 和 $U_2$ 同频反相。

$\Delta x > 0$ 时，$U_s$ 和 $U_2$ 为同频同相，当 $U_s$ 和 $U_2$ 均为正半周时，在原理图中，环形电桥中二极管 VD2、VD4 截止，VD1、VD3 导通，则可得如图 5 – 15（a）所示的等效电路。

根据变压器的工作原理，考虑到 $O$、$M$ 分别为变压器 $T_1$、$T_2$ 的中心抽头，则有

$$u_{s1} = u_{s2} = \frac{u_s}{2n_2}$$

$$u_{21} = u_{22} = \frac{u_2}{2n_1} \tag{5-30}$$

式中，$n_1$、$n_2$ 为变压器 $T_1$、$T_2$ 的变压比。

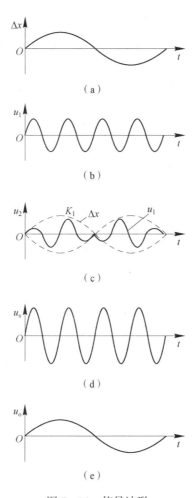

图 5 – 14　信号波形

（a）被测位移变化波形；（b）差动变压器激励电压波形；（c）差动变压器输出电压波形；
（d）相敏检波解调电压波形；（e）相敏检波输出电压波形

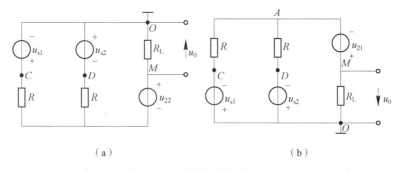

图 5 – 15　相敏检波等效电路

（a）$U_s$ 和 $U_2$ 正半周时等效电路；（b）$U_s$ 和 $U_2$ 负半周时等效电路

采用电路分析的基本方法，可求得图 5 – 15（a）所示电路的输出电压 $u_o$ 的表达式：

$$u_o = \frac{R_L u_{22}}{\dfrac{R}{2} + R_L} = \frac{R_L u_2}{n_1(R_1 + 2R_L)} \tag{5 – 31}$$

同理，当 $U_s$ 和 $U_2$ 均为负半周时，二极管 VD2、VD4 导通，VD1、VD3 截止。其等效电路如图 5 - 15（b）所示，输出电压 $u_o$ 表达式与上式相同，说明只要位移 $\Delta x > 0$，不论 $U_s$ 和 $U_2$ 是正半周还是负半周，负载 $R_L$ 两端得到的电压 $u_o$ 始终为正。

当 $\Delta x < 0$ 时，$U_s$ 和 $U_2$ 为同频反相。采用上述相同的分析方法不难得到当 $\Delta x < 0$ 时，不论 $U_s$ 和 $U_2$ 是正半周还是负半周，负载电阻 $R_L$ 两端得到的输出电压 $u_o$ 表达式总是为

$$u_o = -\frac{R_L u_2}{n_1(R + 2R_L)} \qquad (5-32)$$

所以上述相敏检波电路输出电压 $u_o$ 的变化规律充分反映了被测位移量的变化规律，即 $u_o$ 的值反映位移 $\Delta x$ 的大小，而 $u_o$ 的极性则反映了位移 $\Delta x$ 的方向。

**例 5 - 8** 简述相敏检测电路原理。

答：相敏检测电路原理是通过鉴别相位来辨别位移的方向，即差分变压器输出的调幅波经相敏检波后，便能输出既反映位移大小，又反映位移极性的测量信号。经过相敏检波电路，正位移输出正电压，负位移输出负电压，电压值的大小表明位移的大小，电压的正负表明位移的方向。

# 5.4 光栅式位移传感器

光栅式位移传感器具有测量精度高、测量范围大、信号抗干扰能力强等优点，在对传统机床进行数字化改造及现代数控机床中，得到广泛的应用。

近年来，我国自行设计、制造了很多光栅式测量长度和角度的计量仪表，如成都远恒精密测控技术有限公司生产的 BG1 型线位移传感器、长春光机数显技术有限责任公司生产的 SGC 系列等。BG1 型线位移传感器如图 5 - 16 所示。

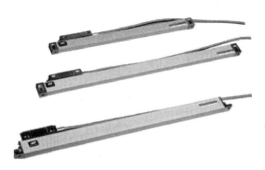

图 5 - 16　BG1 型线位移传感器

本产品采用光栅常数相等的透射式标尺光栅和指示光栅副。该产品运用了裂相技术和零位标记，从而使传感器具有优异的重复定位性和高等级测量精度。防护密封采用特殊的耐油、耐腐蚀、高弹性及抗氧化塑胶，防水、防尘性能优良，使用寿命长，体积小，质量轻等特点。其适用于机床、仪表作长度测量，坐标显示和数控系统的自动测量等。表 5 - 3 所示为 BG1 型线位移传感器参数。

表 5 – 3 **BG1 型线位移传感器参数**

| 型号 | BG1A | | BG1B | BG1C |
|---|---|---|---|---|
| 光栅栅距 | 20 μm（0.02 mm）、10 μm（0.01 mm） | | | |
| 光栅测量系统 | 透射式红外光学测量系统、高等级性能的光栅坡墒尺 | | | |
| 读数头滚动系统 | 垂直式五轴承滚动系统，优异的重复定位性，高等级测量精度 | | 45°五轴承滚动系统，优异的重复定位性，高等级的测量精度 | |
| 防护尘密封 | 采用特殊的耐油、耐腐蚀、高弹性及抗老化塑胶，防水、防尘性能优良，使用寿命长 | | | |
| 分辨率 | 0.5 μm | | 1 μm | 5 μm |
| 有效行程 | 50 ~ 3 000 mm 每隔 50 mm 一种长度规格（整体光栅不接长） | | | |
| 工作速度 | >60 m/min | | | |
| 工作环境 | 温度 0 ~ 50℃，湿度≤90%（20℃ ±5℃） | | | |
| 工作电压 | 5 ×（1 ±5%）V，12 ×（1 ±5%）V | | | |
| 输出信号 | TTL 正弦波（相位相差 90°的 A、B 两个正弦波信号） | | | |

表 5 – 4 和表 5 – 5 所示为长春光机数显技术有限公司 SGC 光栅位移传感器的技术参数和输出参数。

表 5 – 4 **SGC 光栅位移传感器技术参数**

| 主型号 | SGC – 5 |
|---|---|
| 输出信号 | TTL、HTL、RS – 422、~1VPP |
| 有效量程/mm | 100 ~ 1 500 |
| 零位参考点 | 每 50 mm 一个、每 200 mm 一个、距离编码 |
| 栅距/mm | 0.02（50 线对 / mm）、0.04（25 线对 / mm） |
| 分辨率/μm | 10、5、1、0.5 |
| 精度/μm | ±10、±5、±3（20℃、1 000 mm） |
| 响应速度/（m·min$^{-1}$） | 60、120、150 |
| 工作温度/℃ | 0 ~ 50 |
| 存储温度/℃ | 40 ~ 55 |

表 5 – 5 **SGC 光栅位移传感器的输出参数**

| 输出形式 | TTL 方波输出 | HTL 方波输出 | RS – 422 信号 | 正弦波 1 Vpp |
|---|---|---|---|---|
| 输出信号 | A、B 两路方波相位差 90° | A、B 两路方波相位差 90° | A、B 两路方波及其反相信号/A、/B | A、B 两路正弦电压信号 ~ 1 V$_{PP}$，相位差 90°，幅值 = 1 Vpp ±20% |

续表

| 输出形式 | TTL 方波输出 | HTL 方波输出 | RS – 422 信号 | 正弦波 1 Vpp |
|---|---|---|---|---|
| 电源电压 | $5 \times (1 \pm 5\%)$ V/ <100 mA | (12 V、15 V、18 V、24 V) $(1 \pm 5\%)$/ <150 mA | $5 \times (1 \pm 5\%)$ V/ <150 mA | $5 \times (1 \pm 5\%)$ V/ <100 mA |
| 最大电缆长度/m | 20 | 30 | 100 | 20 |
| 信号周期 $t$ | 40 μm、20 μm、4 μm、2 μm、0.4 μm | | | |

由表 5 – 4、表 5 – 5 可知，光栅式位移传感器的输出信号为两个相位相差 90°的信号，在实际应用中，主要任务就是对传感器输出的信号进行放大、整形、辨向、细分及计数，根据计数结果计算出位移量。

为了光栅式位移传感器应用的方便，国内生产光栅式位移传感器的厂家都研制了多种型号的光栅数显表，可以和光栅式位移传感器进行很好的连接。所以对于用户来说，只要能根据被测量设备（如机床）的最大行程，选择合适的光栅式位移传感器及光栅数显表，即可构成数字式位移测量系统。

## 5.4.1 光栅式位移传感器分类

目前，光栅数显表主要有两种类型，即数字逻辑电路数显表和以 MCU 为核心的智能化数显表。前者以传统的放大整形、细分、辨向电路、可逆计数器及数字译码显示器等电路组成。随着可编程逻辑器件的广泛使用，将细分、辨向、计数器、译码驱动电路通过 CPLD 来实现，使得数显表的电路大为简化，体积缩小很多。基于数字逻辑电路的数显表组成框图如图 5 – 17 所示。

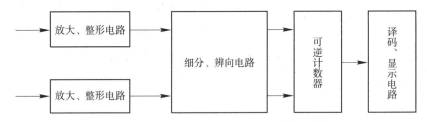

图 5 – 17　基于数字逻辑电路的数显表组成框图

光栅式传感器的输出信号经放大、整形电路后，送到 MCU 及相关电路进行辨向、细分及计数，并进行处理后将位移值显示在显示器件上。由于微控制器具有强大的处理能力，此类数显表除了能显示位移之外，还能进行打印实时数据，并可以和上位机进行通信，是数显表的主要方案。基于 MCU 的光栅数显表的组成框图如图 5 – 18 所示。

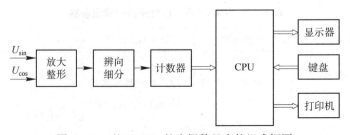

图 5 – 18　基于 MCU 的光栅数显表的组成框图

## 5.4.2　光栅式传感器工作原理

光栅式传感器主要由光源、光栅副和光敏元件三大部分组成。其中光栅副由标尺光栅（也称主光栅）和指示光栅组成，标尺光栅和指示光栅的刻线完全一样，将二者叠合在一起，中间保持很小的间隙（0.05 ~ 0.1 mm），并使两者栅线形成很小的夹角 θ，测量时主光栅不动，指示光栅安装在运动部件上，随运动部件在和主光栅栅线垂直的方向上移动，两者之间形成相对运动。光栅式传感器的组成示意图如图 5 - 19 所示。莫尔条纹示意图如图 5 - 20 所示。

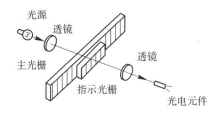

图 5 - 19　光栅式传感器的组成示意图

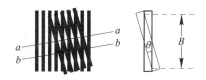

图 5 - 20　莫尔条纹示意图

在两光栅刻线重合处，光从缝隙透过形成亮带，如图 5 - 20 中 a—a 线所示；在两光栅刻线的错开处，由于相互挡光作用而形成暗带，如图 5 - 20 中 b—b 线所示。

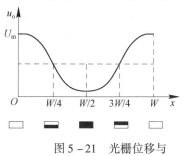

图 5 - 21　光栅位移与输出电压的关系

这种由亮带和暗带形成的明暗相间的条纹称为莫尔条纹，条纹方向与刻线方向近似垂直，通常在光栅的适当位置安装两个光电传感器（指示光栅刻线之间及与其相差 1/4 栅距的地方，保证其相位相差 90°）。当指示光栅沿水平方向自左向右移动时，莫尔条纹的亮带和暗带（a—a 线和 b—b 线）将顺序自下向上移动，不断地掠过光敏元件，光敏元件检测到的光信号按强—弱—强循环变化，光敏元件输出类似于正弦波的交变信号，每移动一个栅距 W，光强变化一个周期，光栅位移与输出电压的关系如图 5 - 21 所示。

### 1. 莫尔条纹的基本特征

（1）莫尔条纹是由光栅的大量刻线共同形成的，对光栅的刻线误差有平均作用，从而能在很大程度上消除光栅刻线不均匀引起的误差。

（2）当两光栅沿与栅线垂直方向做相对移动时，莫尔条纹则沿光栅刻线方向移动（两者的运动方向相互垂直）；光栅反向移动，莫尔条纹亦反向移动。图 5 - 19 中，当指示光栅向右移动时，莫尔条纹向上运动。

（3）莫尔条纹的间距是放大的光栅栅距，它随着光栅刻线夹角而改变。由于 θ 很小，所以其关系可用下式表示：

$$B = W/\sin\theta \approx W/\theta \tag{5-33}$$

式中，$B$——莫尔条纹间距；

　　　$W$——光栅栅距；

　　　$\theta$——两光栅刻线夹角，必须以弧度（rad）为单位。

从式（5－33）可知，$\theta$ 越小，$B$ 越大，相当于把微小的栅距扩大了 $1/\theta$ 倍。由此可见，计量光栅起到光学放大作用。例如，对 25 线/mm 长光栅而言，$W = 0.04$ mm，若 $\theta = 0.02$ rad，则 $B = 2$ mm。计量光栅的光学放大作用与安装角度有关，而与两光栅的安装间隙无关。莫尔条纹的宽度必须大于光敏元件的尺寸，否则光敏元件无法分辨光强的变化。

（4）莫尔条纹移过的条纹数与光栅移过的刻线数相等。例如，采用 100 线/mm 光栅时，若光栅移动了 1 mm，则从光电元件前掠过的莫尔条纹数为 100 条，光电元件也将产生 100 个脉冲，通过对脉冲进行计数，即可知道实际的移动距离。

### 2. 辨向及细分原理

#### 1）辨向原理

如果传感器只安装一套光敏元件，则在实际应用中，无论光栅做正向移动还是反向移动，光敏元件产生的正弦信号都相同，无法知道移动的方向。要想知道移动的方向，必须要设置辨向电路。辨向电路及其波形如图 5－22 所示。

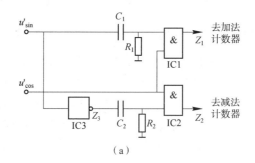

（a）

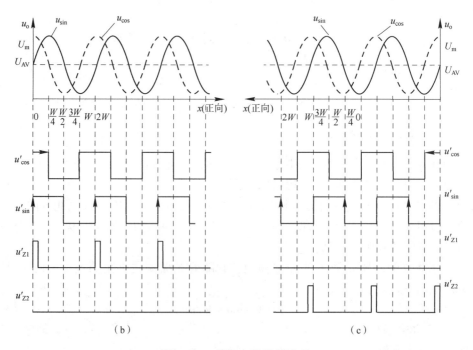

（b）                          （c）

图 5－22　辨向电路及其波形

（a）辨向电路；（b）正向运动波形；（c）反向运动波形

通常可以在沿光栅线的方向上相距 1/4 栅距的距离上安装两套光电元件（得到 sin 和 cos 两个信号），这样就可以得到两个相位相差 90° 的电信号 $u_{sin}$ 和 $u_{cos}$。经放大、整形后得到 $u'_{sin}$ 和 $u'_{cos}$ 两个方波信号，分别送到图 5-22（a）所示的辨向电路。由图 5-22（b）可以看出，$u'_{sin}$ 的上升沿经微分电路后产生的尖脉冲正好与 $u'_{cos}$ 的高电平相与，IC1 处于开门状态，与门 IC1 输出计数脉冲，表示正向移动。而 $u'_{cos}$ 经 IC3 反相后产生微分脉冲被 $u'_{cos}$ 的低电平封锁，与门 IC2 输出低电平。反之，当指示光栅向左移动时，由图 5-22（c）可以看出，IC1 关闭，IC2 产生计数脉冲，IC1 输出低电平。将 IC1 和 IC2 的输出分别送到可逆计数器的加法数和减法计数端，用计数值与栅距相乘，即可得到相对于某个参考点的位移量，即

$$X = N \cdot W \tag{5-34}$$

2）细分技术

由前所述，若只对光栅传感器输出的脉冲信号进行计数，其分辨率是一个 $W$，在有些要求精密的测量系统中，则要求更高的分辨力，此时可以采用细分技术。所谓细分技术，是指在不增加光栅刻线的情况下提高光栅的分辨力，即在一个栅距 $W$ 内，能得到更多的脉冲个数，则其分辨力比 $W$ 更高。细分的方法主要是采用倍频法来实现，常见的有四倍频和十六倍频。表 5-6 所示为常见位移传感器参数及特点。

表 5-6　常见位移传感器参数及特点

| 类型 | | | 测量范围 | 精确度 | 线性度 | 特点 |
|---|---|---|---|---|---|---|
| 电阻式 | 滑线式 | 线位移 | 1~300 mm | ±0.1% | ±0.1% | 分辨力较高，可用于静、动态测量，机械结构不牢 |
| | | 角位移 | 0°~360° | ±0.1% | ±0.1% | |
| | 变阻式 | 线位移 | 1~3 000 mm | ±0.5% | ±0.5% | 分辨力低、电噪声大，机械结构牢固 |
| | | 角位移 | 0~60 周 | ±0.5% | ±0.5% | |
| | 应变片式 | 非粘贴式 | ±0.15% | 0.1% | 0.1% | 不牢固 |
| | | 粘贴式 | ±0.3% | 2%~3% | | 牢固、需要温度补偿和高绝缘电阻 |
| | | 半导体式 | ±0.25% | 2%~3% | ±20% | 输出大，对温度敏感 |
| 电容式 | 变面积 | | $10^{-3}$~100 mm | 0.005% | ±1% | 易受温度、湿度变化影响，测量范围小，线性范围小，分辨力高 |
| | 变极距 | | $10^{-3}$~10 mm | 0.1% | ±1% | |
| 电感式 | 自感式 | 变间隙式 | ±0.2 mm | 1% | ±3% | 限于微小位移测量 |
| | | 螺线管式 | 1.5~2 mm | 1% | | 方便可靠，动态特性差 |
| | | 特大型 | 200~300 mm | 1% | 0.15%~1% | |
| | 差动变压器式 | | ±0.08~75 mm | 1% | ±0.5% | 分辨力很高，有干扰噪声时需屏蔽 |
| | 电涡流式 | | 0~100 mm | ±0.5%<br>±1%~3% | <3% | 分辨力很高，受被测量物体材质、形状、加工质量影响 |
| | 同步机 | | 360° | ±0.1°~0.7° | ±0.05% | 对温度、湿度不敏感，可在 120 r/min 转速下工作 |
| | 微动同步器 | | ±10° | ±0.1°~0.7° | ±0.05% | 非线性误差与变压比及测量范围有关 |
| | 旋转变压器 | | ±60° | ±0.1°~0.7° | ±0.1% | |

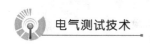

续表

| 类型 | | 测量范围 | 精确度 | 线性度 | 特点 |
|---|---|---|---|---|---|
| 感应同步器 | 直线式 | $10^{-3} \sim$ 10 000 mm | 2.5 μm 250 mm | | 模拟和数字混合测量系统数显，直线式分辨力可达 1 μm |
| | 旋转式 | $0° \sim 360°$ | 0.5″ | | |
| 光栅 | 长光栅 | $10^{-3} \sim$ 10 000 mm | 3 μm/m | | 工作方式与感应同步器相同，直线式分辨力可达 0.1 ~ 1 μm |
| | 圆光栅 | $0° \sim 360°$ | 0.5″ | | |
| 磁栅 | 长磁栅 | $10^{-3} \sim$ 1 000 mm | 5 μm/m | | 测量工作速度可达 12 m/min |
| | 圆磁栅 | $0° \sim 360°$ | 1″ | | |
| 转角编码器 | 绝对式 | $0° \sim 360°$ | $10^{-6}$/r | | 分辨力高，可靠性高 |
| | 增量式 | $0° \sim 360°$ | $10^{-3}$/r | | |
| 霍尔元件 | 线性型 | ±1 mm | 0.5% | 1% | 结构简单、动态特性好，分辨力可达 1 μm，对温度敏感，量程大 |
| | 开关型 | >2 m | 0.5% | 1% | |
| 激光 | | 2m | | | 分辨力 0.2 μm |
| 光纤 | | 0.5 ~ 5 mm | 1% ~ 3% | 0.5% ~ 1% | 体积小、灵敏度高，抗干扰；量程有限，制造工艺要求高 |
| 光电 | | ±1 mm | | | 高精度、高可靠、非接触测量，分辨力可达 1 μm，缺点是安装不方便 |

## 5.4.3 光栅式位移传感器的使用注意事项

（1）光栅式位移传感器与数显表插头座插拔时应关闭电源后进行。

（2）尽可能外加保护罩，并及时清理溅落在光栅尺上的切屑和油液，严格防止任何异物进入光栅式传感器壳体内部。

（3）定期检查各安装连接螺钉是否松动。

（4）为延长防尘密封条的寿命，可在密封条上均匀涂上一薄层硅油，注意勿溅落在玻璃光栅刻划面上。

（5）为保证光栅式传感器使用的可靠性，可每隔一定时间用乙醇混合液（各50%）清洗擦拭光栅尺面及指示光栅面，保持玻璃光栅尺面清洁。

（6）光栅式传感器严禁剧烈振动及摔打，以免破坏光栅尺，如光栅尺断裂，光栅式传感器即失效。

（7）不要自行拆开光栅式传感器，更不能任意改动主栅尺与副栅尺的相对间距，否则一方面可能破坏光栅式传感器的精度；另一方面还可能造成主栅尺与副栅尺的相对摩擦，损坏铬层也就损坏了栅线，从而造成光栅尺报废。

（8）应注意防止油污及水污染光栅尺面，以免破坏光栅尺线条纹分布，引起测量误差。

（9）光栅式传感器应尽量避免在有严重腐蚀作用的环境中工作，以免腐蚀光栅铬层及光栅尺表面，破坏光栅尺质量。

# 5.5 位移传感器的应用

### 1. 光电位移传感器的应用

在有些场合，对物体位移的路径测量并不重要，而只需对物体位移的起始点和终止点的位置做准确的测量。完成这种控制虽然可以使用微动开关，但是微动开关的寿命是有限的。为克服微动开关这一缺点，可以使用光电位移传感器进行这种位移的测量和控制。

图 5 – 23 所示为电动机做定向转动控制原理框图。当启动开关 S 闭合时，由于发光二极管发出的光通过光盘的透明部位，光敏元件有信号输出，逻辑电路输出控制信号使驱动电路工作，电动机开始旋转。当光盘随电动机转动到黑色不透光区时，光电位移传感器停止信号输出，电动机因得不到驱动电压而停止转动。这种简单的原理只能使电动机做定向运动，如再加其他控制电路，则控制电动机在被限制的范围内做双向运动。

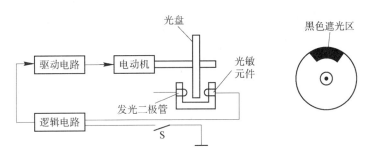

图 5 – 23 电动机做定向转动控制原理框图

### 2. 剪切机的控制

剪切机的控制原理如图 5 – 24 所示。在进料辊轮上装有光电旋转编码器，当传送带转动送料时，进料辊轮旋转的同时光电旋转编码器便开始检测辊轮旋转的角度。当检测到设定的角度时，板料则进给到一定的长度，此时控制器输出切断指令，经传动和执行机构使切刀向下运动切断板料。此过程可一直重复运行。

### 3. 轴承滚柱体长度的自动测量

图 5 – 25（a）所示为某轴承滚柱体的自动测量机。该自动测量要求：测量范围为 50 mm；测量误差≤0.01 mm，测量速度为 4 个/s。该自动测量机由排送料、上料、测量、落料、电气控制等五部分组成。

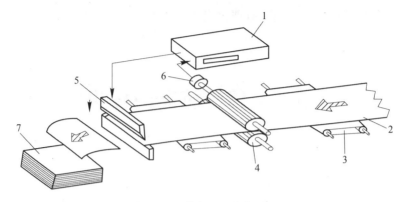

图 5 - 24　剪切机的控制原理

1—控制器；2—加工板料；3—传送带；4—进料轮；5—切刀；

6—光电旋转编码器；7—成品

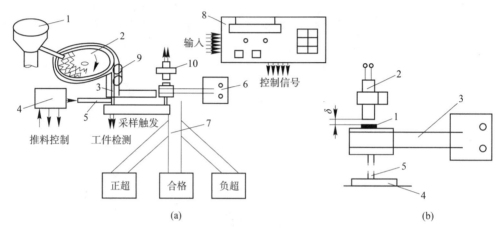

图 5 - 25　轴承滚柱体的自动测量

（a）自动测量机；（b）测量简图

1—料斗；2—给料盘；3—倒料槽；4—推料控制器；5—推料杆；

6—驱动电动机；7—料槽；8—控制系统；9—滚柱；10—光栅

　　上料机构驱动上料推杆做往复运动将滚柱正确地送到测量部的测量位置进行测量，同时将测量好的滚柱推入相应的料盆中。电气控制部分控制各部件按一定规律运动并将测量值进行处理分组后发出电磁料门的控制信号以控制正确的落料。

　　该测量机采用比较测量法，即采用测量值和标准件的值进行比较。测量前要用两只标准滚柱对测量系统进行标定，一只具有上偏差极限长度，另一只具有下偏差极限长度。

　　传感器选用体积小、灵敏度高的霍尔式位移传感器。根据 $U_H = K_H iB\sin a$，如果通入晶片的电流 $i$ 保持不变且 $a$ 为常数，则霍尔电势完全取决于磁感应强度 $B$。图 5 - 25（b）所示为根据这一原理设计的测量简图，图中的测头是用霍尔元件制作的霍尔式位移传感器。磁钢为传感器提供磁场，磁钢固定在平行片簧机构上，可保证磁钢平面始终无间隙、无摩擦地平行移动。磁钢表面至测头头部端面的初始距离为 $\delta_0$（无滚柱时），当滚柱被推入测量位置时，滚柱在基准面的限制下推动磁钢接近测头。假设移动量为 $\Delta$，则 $\delta = \delta_0 - \Delta$（滚柱长时 $\Delta$ 大，短时 $\Delta$ 小）。由于磁感应强度 $B = f(\delta)$，磁钢离开测头的距离 $\delta$ 的变化导致霍尔式位移传感器感受磁感应强度 $-B$ 的变化，使霍尔电势 $U_\text{H}$ 产生变化，从而测得滚柱长度。
图 5 – 26 所示为轴承滚柱体长度的自动测量机电气原理框图。

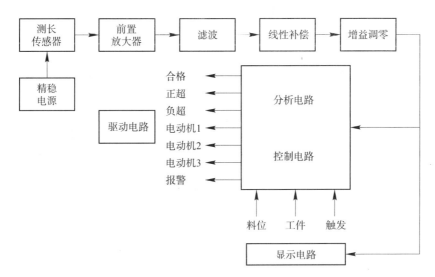

图 5 – 26　轴承滚柱体长度的自动测量机电气原理框图

## ● 习　题

**1. 填空**

（1）电容式传感器中，变面积式常用于测量较大的（　　　）。

（2）电感式传感器是利用电磁感应的原理将被测非电量转换为线圈的（　　　）系数或互感变化的装置。

（3）差动变压器式传感器铁芯位移变化使一次绕圈与二次绕圈之间的（　　　）参数发生变化。

（4）差动变压器式传感器理论上讲，衔铁位于中心位置时输出电压为零，而实际上差动变压器输出电压不为零，我们把这个不为零的电压称为（　　　）。

**2. 判断**

（1）螺管型电感传感器采用差动结构也不能完全消除非线性误差。　　　　（　　）

（2）自感式电感传感器的测量电路是采用交流供电的电桥电路。　　　　（　　）

（3）变间隙式电感传感器采用差动结构也不能完全消除非线性误差。　　（　　）

（4）自感式电感传感器改变空气隙等效截面积类型变换器转换关系为非线性的，改变空气隙长度类型的为线性的。　　　　　　　　　　　　　　　　　　　　（　　）

（5）造成电感传感器零点残余电压的原因是由于电感线圈受外界磁场的干扰。（　　）

**3. 计算**

（1）某平板式电容位移传感器结构如图 5 – 27 所示，已知：极板尺寸 $a = b = 4\ \text{mm}$，极板间隙 $0.5\ \text{mm}$，极板间介质为空气。求该传感器静态灵敏度；若极板沿 $x$ 方向移动 $2\ \text{mm}$，求此时电容量。（已知真空介电常数为 $8.85 \times 10^{-12}\ \text{F/m}$）

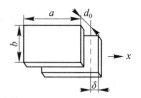

图 5-27 平板式电容位移传感器结构

（2）有一只变极距型电容传感器元件，两极板重叠的有效面积为 $8 \times 10^{-4} m^2$，两极板之间的距离为 1 mm，已知空气的相对介电常数为 1.000 6，试计算该传感器的位移灵敏度。

（3）差动式变极距型电容传感器，若初始容量 $C_1 = C_2 = 80$ pF，初始距离 $\delta_0 = 4$ mm，当动极板相对于定极板移了 $\Delta\delta = 0.75$ mm 时，试计算其非线性误差。若改为单极平板电容，初始值不变，其非线性误差有多大？

# 第6章

## 速度、加速度检测

速度、加速度和振动等参数在结构设计中是很重要的，本章重点讲述的运动量传感器是指用于速度、加速度及振动等被测参数的传感器。

# 6.1 速度传感器

速度是机械行业常见的测量参数之一，用来测定电动机的转速、线速度或频率，常用于电动机、电扇、造纸、塑料、化纤、洗衣机、汽车、飞机、轮船等制造业。速度测量主要分为两种，即线速度和角速度（转速）。目前，线速度的测量主要采用时间、位移计算法；转速测量的方法有多种，主要分为计数式、模拟式、同步式三大类，应用比较多的是计数式，计数式又可分为机械式、光电式和电磁式。随着计算机的广泛应用，自动化、信息化技术要求的提高，电子式转速测量已占主流，成为多数场合转速测量的首选，本节主要介绍电子式转速测量的实现方法。

要实现速度测量，首先要分析测量的对象，根据被测对象的特点、现有条件及测量精度等要求，选择合适的传感器，继而配合相应的电子电路来实现。转速的测量方法及其特点如表 6-1 所示。

表 6-1 转速的测量方法及其特点

| 测量方法 | | 转速仪 | 测量原理 | 应用范围/$(r \cdot min^{-1})$ | 特点 |
|---|---|---|---|---|---|
| 计数法 | 机械式 | 齿轮式钟表式 | 通过齿轮转动数字轮通过齿轮转动加入计时器 | 中低速约 10 000 | 结构简单、价格低廉、与秒表共用 |

| 测量方法 | | 转速仪 | 测量原理 | 应用范围/ $(r \cdot min^{-1})$ | 特点 |
|---|---|---|---|---|---|
| 计数法 | 光电式 | 光电式 | 利用来自旋转体上的光线，使光电管产生电脉冲 | 中高速 30～48 000 | 结构简单、没有扭矩损失 |
| | 电气式 | 电磁式 | 利用磁、电等转换器将转速转换成电磁脉冲 | 中高速 | 结构简单、数字传输 |
| 同步法 | 机械式 | 目测式 | 转动带槽圆盘，目测与旋转体同步的转速 | 中高速 | 结构简单、价格低廉 |
| | 频闪式 | 闪光式 | 利用频闪光测旋转体频率 | 中高速 | 结构简单、可远距离指示、数字测量 |

## 6.1.1 转速传感器的简介

### 1. 磁敏式

磁敏式转速传感器由磁敏电阻作感应元件，是新型的转速传感器。核心部件是采用磁敏电阻作为检测的元件，再经过全新的信号处理电路令噪声降低，功能更完善。通过与其他类型转速传感器的输出波形对比，所测到转速的误差极小，并且线性特性具有很好的一致性，感应对象为磁性材料或导磁材料，如磁钢、铁和电工钢等。当被测体上带有凸起（或凹陷）的磁性或导磁材料时，随着被测物体转动，传感器输出与旋转频率相关的脉冲信号，达到测速或位移检测的发讯目的。磁敏式转速传感器实物图如图6-1所示。

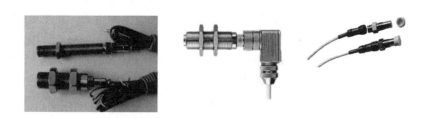

图6-1 磁敏式转速传感器实物图

### 2. 激光式

PR-870是利用激光反射原理，获得转子转动的信号，可测量转子的转速。其特点是分辨率高、距离远、适用范围广、频响宽、可靠性高。内装放大整形电路，输出为幅度稳定的方波信号，能实现远距离传输。其实物图如图6-2所示。

图 6-2　激光转速传感器实物图

### 3. 磁电式

航振 HZ-860 磁电转速传感器能将转角位移转换成电信号供计数器计数，只要非接触就能测量各种导磁材料，如齿轮、叶轮、带孔（或槽、螺钉）圆盘的转速及线速度。其实物图如图 6-3 所示。

图 6-3　磁电转速传感器实物图

### 4. 电容式

电容式转速传感器有面积变化型和介质变化型两种。图 6-4 所示为面积变化型电容式转速传感器，由两块固定金属板和与转动轴相连的可动金属板构成。可动金属板处于电容量最大的位置，当转动轴旋转 180° 时则处于电容量最小的位置。电容量的周期变化速率即为转速。可通过直流激励、交流激励和用可变电容构成振荡器的振荡槽路等方式得到转速的测量信号。介质变化型是在电容器的两个固定电极板之间嵌入一块高介电常数的可动板而构成的。可动介质板与转动轴相连，随着转动轴的旋转，电容器板间的介电常数发生周期性变化而引起电容量的周期性变化，其速率等于转动轴的转速。

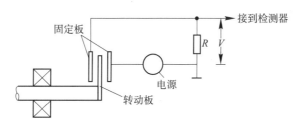

图 6-4　电容式转速传感器

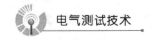

### 5. 变磁阻式

变磁阻式传感器有三种基本类型，即电感转速传感器、变压器式传感器和电涡流式传感器，都可制成转速传感器。

电感式转速传感器应用较广，它利用磁通变化而产生感应电势，其电势大小取决于磁通变化的速率。这类传感器按结构不同又分为开磁路式和闭磁路式两种。开磁路式转速传感器结构比较简单，输出信号较小，不宜在振动剧烈的场合使用。闭磁路式转速传感器由装在转轴上的外齿轮、内齿轮、线圈和永久磁铁构成，内、外齿轮有相同的齿数。当转轴连接到被测轴上一起转动时，由于内、外齿轮的相对运动产生磁阻变化，在线圈中产生交流感应电势，测出电势的大小便可测出相应转速值。

## 6.1.2　光电式转速传感器

### 1. 光电效应

自然界的一切物质在环境温度高于 0 K 时，都会产生电磁波辐射，其中光是波长在 $0.01 \sim 10\ \mu m$ 的电磁辐射，其光谱如图 6-5 所示。物体吸收光能后转换为该物体中某些电子的能量，从而产生电效应，称为光电效应。

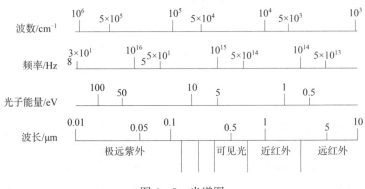

图 6-5　光谱图

光电器件工作的物理基础是光电效应。光电效应分为外光电效应和内光电效应两大类。

1）外光电效应

在光线作用下，能使电子逸出物体表面的现象称为外光电效应，如光电管、光电倍增管就属于这类光电器件。我们知道，光子是具有能量的粒子，每个光子具有的能量由下式确定：

$$E = h\upsilon \tag{6-1}$$

式中，$h$——普朗克常数，$6.626 \times 10^{-34}$ J · s；

$\quad\quad \upsilon$——光的频率（$\mathrm{s}^{-1}$）。

若物体中电子吸收的入射光的能量足以克服逸出功 $A_0$ 时，电子就逸出物体表面，产生电子发射。故要使一个电子逸出，则光子能量 $h\upsilon$ 必须超出逸出功 $A_0$，超过部分的能量，表现为逸出电子的动能，即

$$hv = \frac{1}{2}mv_0^2 + A_0 \qquad\qquad (6-2)$$

式中，$m$——电子质量；

$v_0$——电子逸出速度。

该方程称为爱因斯坦光电效应方程。

由式（6-2）可知：光电子能否产生，取决于光子的能量是否大于该物体的表面电子逸出功 $A_0$；不同物体具有不同的逸出功，这意味着每一个物体都有一个对应的光频阈值，称为红限频率或波长限；是否产生光电效应不取决于光强的大小，而取决于单色光的频率；当 $v > v_0$ 时，光强越强，发射的光电子数目越多，光电流越大；电子吸收能量不需时间积累，瞬间产生光电流；即使不加初始阳极电压，也会有光电流产生，为使光电流为零，必须加负的截止电压。

2）内光电效应

受光照的物体电导率发生变化，或产生光生电动势的效应叫内光电效应。内光电效应又可分为以下两大类。

（1）光电导效应。

在光线作用下，电子吸收光子能量从键合状态过渡到自由状态，而引起材料电阻率变化，这种效应称为光电导效应。基于这种效应的器件有光敏电阻等。当光照射到光电导体上时，若这个光电导体为本征半导体材料，而且光辐射能量又足够强，光电导材料价带上的电子将被激发到导带上去。电子能级示意图如图6-6所示。

（2）光生伏特效应。

在光线作用下能够使物体产生一定方向电动势的现象。基于该效应的器件有光电池和光敏晶体管等。

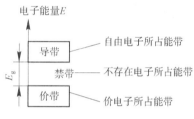

图6-6　电子能级示意图

## 2. 光电转速传感器

常见的光电转速传感器有以下几种，分别是直射式光电转速传感器、反射式光电转速传感器。

1）直射式光电转速传感器

组成：开孔圆盘、光源、光敏元件。

开孔圆盘的输入轴与被测轴相连接，光源发出的光通过开孔圆盘和缝隙板照射到光敏元件上被光敏元件所接收，将光信号转为电信号输出。开孔圆盘上有许多小孔，开孔圆盘旋转一周，光敏元件输出的电脉冲个数等于圆盘的开孔数，因此，可通过测量光敏元件输出的脉冲频率得知被测转速，即

$$n = f/N \qquad\qquad (6-3)$$

式中，$n$——转速；

$f$——脉冲频率；

$N$——圆盘开孔数。

直射式光电转速传感器结构如图6-7所示。

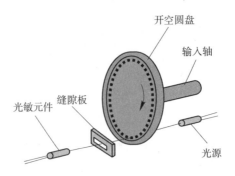

图 6-7　直射式光电转速传感器结构

2）反射式光电转速传感器

结构：旋转部件、反光片（或反光贴纸）、反射式光电传感器。

在可以进行精确定位的情况下，在被测部件上对称安装多个反光片或反光贴纸会取得较好的测量效果。由于测试距离近且测试要求不高，仅在被测部件上只安装了一片反光贴纸，因此，当旋转部件上的反光贴纸通过光电传感器前时，光电传感器的输出就会跳变一次。通过测出这个跳变频率 $f$，就可知道转速 $n$。

$$n = f \qquad\qquad (6-4)$$

如果在被测部件上对称安装多个反光片或反光贴纸，那么，

$$n = f/N$$

式中，$N$——反光片或反光贴纸的数量。

反射式光电转速传感器如图 6-8 所示。

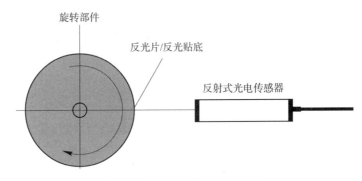

图 6-8　反射式光电转速传感器

## 6.1.3　霍尔式转速传感器

霍尔传感器是基于霍尔效应的一种传感器。1879 年美国物理学家霍尔首先在金属材料中发现了霍尔效应，但由于金属材料的霍尔效应太弱而没有得到应用。随着半导体技术的发展，开始用半导体材料制成霍尔元件，由于它的霍尔效应显著而得到应用和发展。

### 1. 霍尔效应及霍尔元件

置于磁场中的静止载流导体，当它的电流方向与磁场方向不一致时，载流导体上垂直于电流和磁场方向上的两个面之间产生电动势，这种现象称为霍尔效应，该电势称为霍尔电

势，半导体薄片称霍尔元件。

在垂直于外磁场 $B$ 的方向上放置一个导电板，导电板通以电流 $I$，如图 6 – 9 所示。

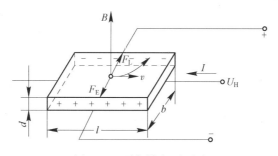

图 6 – 9　霍尔效应原理图

导电板中的电流是金属中自由电子在电场作用下的定向运动。此时，每个电子受洛仑磁力 $F_L$ 的作用，$F_L$ 的大小为

$$F_L = -evB \tag{6-5}$$

式中 $e$——电子电荷；

$v$——电子运动平均速度；

$B$——磁场的磁感应强度。

$F_L$ 的方向在图 6 – 9 中是向上的，此时电子除了沿电流反方向做定向运动外，还在 $F_L$ 的作用下向上漂移，结果使金属导电板上底面积累电子，而下底面积累正电荷，从而形成了附加内电场 $E_H$，称霍尔电场，该电场强度为

$$E_H = \frac{U_H}{b} \tag{6-6}$$

式中，$U_H$ 为电位差。霍尔电场的出现，使定向运动的电子除了受洛伦兹力的作用外，还受到霍尔电场的作用力 $F_E$，其大小为 $-eE_H$，此力阻止电荷继续累积。随着上、下底面累积电荷的增加，霍尔电场增加，电子受到的电场力也增加，当电子所受洛伦兹力和霍尔电场作用力大小相等、方向相反时，即

$$-eE_H = -evB \tag{6-7}$$
$$E_H = vB$$
$$U_H = bvB \tag{6-8}$$

此时电荷不再向两底面积累，达到平衡状态。

若金属导电板单位体积内电子数为 $n$，电子定向运动平均速度为 $v$，则激励电流 $I = nvbd(-e)$，则

$$v = -\frac{I}{bdne} \tag{6-9}$$

整理得

$$E_H = -\frac{IB}{bdne} \tag{6-10}$$

式中，令 $R_H = -1/(ne)$，称之为霍尔常数，其大小取决于导体载流子密度，则

$$U_H = R_H \frac{IB}{d} = K_H IB \tag{6-11}$$

式中，$K_H = R_H/d$ 称为霍尔片的灵敏度。

可见，霍尔电势正比于激励电流及磁感应强度，其灵敏度与霍尔常数 $R_H$ 成正比而与霍尔片厚度 $d$ 成反比。为了提高灵敏度，霍尔元件常制成薄片形状。

霍尔电势的大小还与霍尔元件的几何尺寸有关。一般要求霍尔元件灵敏度越大越好，霍尔元件的厚度 $d$ 与 $K_H$ 成反比，因此，霍尔元件越薄，其灵敏度越高。

一般来说，金属材料载流子迁移率很高，但电阻率很小；而绝缘材料电阻率极高，但载流子迁移率极低，故只有半导体材料适于制造霍尔片。目前常用的霍尔元件材料有锗、硅、砷化铟、锑化铟等半导体材料，其中 N 型锗容易加工制造，其霍尔系数、温度性能和线性度都较好。N 型硅的线性度最好，其霍尔系数、温度性能同 N 型锗相近。锑化铟对温度最敏感，尤其在低温范围内温度系数大，但在室温时其霍尔系数较大。砷化铟的霍尔系数较小，温度系数也较小，输出特性线性度好。

霍尔元件的结构很简单，它由霍尔片、引线和壳体组成。霍尔元件外形及封装图如图 6-10 所示。

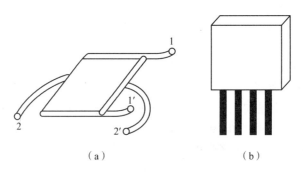

（a）　　　　　　　　　　　（b）

图 6-10　霍尔元件外形及封装图

## 2. 霍尔元件的主要技术参数

### 1）输入电阻 $R_i$

霍尔元件两激励电流端的电阻称为输入电阻。它的数值从几十欧到几百欧，视不同型号而定。温度升高，输入电阻变小，从而使输入电流 $I_{ab}$ 变大，最终引起霍尔电动势变大。为了减少这种影响，最好采用恒流源作为激励源。

### 2）输出电阻 $R_o$

两个霍尔电动势输出端之间的电阻称为输出电阻，它的数值与输入电阻为同一数量级，它也随温度改变而改变。选择适当的负载电阻 $R_L$ 与之匹配，可以使由温度引起的霍尔电动势的漂移减至最小。

### 3）额定功耗 $P_o$ 和控制电流 $I_c$

霍尔元件在环境 $t = 25℃$ 时，允许通过霍尔元件的电流 $I$ 和电压 $U$ 的乘积，分最小、典型和最大三挡，单位为 mW。当供给霍尔元件的电压确定后，根据额定功耗可知道额定控制电流 $I_c$。由于霍尔电动势随激励电流增大而增大，故在应用中总希望选用较大的控制电流。但控制电流增大，霍尔元件的功耗增大，元件的温度升高，从而引起霍尔电动势的温漂增大，因此每种型号的元件均规定了相应的最大激励电流，一般为几毫安到几十毫安。

### 4）霍尔灵敏度系数 $K_H$

单位控制电流和单位磁感应强度作用下，霍尔元件端的开路电压，单位为 V/（A·T），

$K_{\rm H} = U_{\rm H} / (IB)$。

5）不平衡电势 $U_{\rm o}$

在额定电流 $I$ 之下，不加磁场时霍尔元件输出端的空载电势称为不平衡电势，单位为 mV。

6）霍尔电动势温度系数

在一定磁场强度和控制电流的作用下，温度每变化 1℃ 时霍尔电动势变化的百分数称为霍尔电动势温度系数，它与霍尔元件的材料有关，一般约为 0.1%/℃。在要求较高的场合，应选择低温漂的霍尔元件。

### 3. 霍尔集成传感器

随着微电子技术的发展，将霍尔元件、恒流源、放大电路等电路集成到一起就构成了霍尔集成传感器，它具有体积小、灵敏度高、输出幅度大、温漂小、对电源稳定性要求低等优点。目前，根据使用场合的不同，霍尔集成传感器主要有开关型和线性型两大类。

1）开关型霍尔集成传感器

开关型霍尔集成传感器是将霍尔元件、稳压电路、放大器、施密特触发器、OC 门等电路集成在同一个芯片上而构成，如图 6－11 所示。

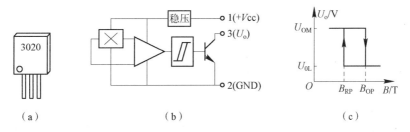

（a）　　　　　　　　（b）　　　　　　　　（c）

图 6－11　开关型霍尔集成传感器

（a）外形图；（b）内部结构框图；（c）输出磁电特性曲线

这种集成传感器一般对外为三只引脚，分别是电源、地及输出端。

典型的霍尔集成开关传感器有 UGN－3020、UGN－3050 等，图 6－11（a）所示为 UGN－5020 的外形图，其输出特性如图 6－11（c）所示。在外磁场的作用下，当磁感应强度超过导通阈值 $B_{\rm OP}$ 时，霍尔电路输出管导通，OC 门输出低电平。之后，$B$ 再增加，仍保持导通态。若外加磁场的 $B$ 值降低到 $B_{\rm RP}$ 时，输出管截止，OC 门输出高电平。我们称 $B_{\rm OP}$ 为工作点，$B_{\rm RP}$ 为释放点，$B_{\rm OP} - B_{\rm RP} = B_{\rm H}$ 称为回差。回差的存在使开关电路的抗干扰能力增强。

霍尔集成开关传感器常用于接近开关、速度检测及位置检测，其典型应用电路如图 6－12 所示。

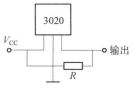

图 6－12　开关型霍尔集成传感器应用电路

2）霍尔线性集成传感器

霍尔线性集成传感器的输出电压与外加磁场强度的大小呈线性比例关系。这类传感器主要由霍尔元件、恒流源电路、差分放大路等电路组成，如图 6－13 所示。

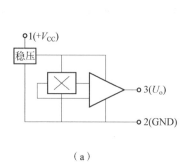

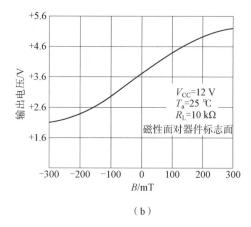

（a）

（b）

图 6 – 13　霍尔线性集成传感器

（a）结构框图；（b）特性曲线

图 6 – 13（a）所示为结构框图。霍尔线性集成传感器根据输出端的不同分为单端输出和双端输出两种，用得较多的为单端输出型，典型产品有 UGN – 3501 等，图 6 – 13（b）所示为其特性曲线。

霍尔集成传感器常用于转速测量、机械设备限位开关、电流检测与控制、安保系统、位置及角度检测等场合。

# 6.2　加速度传感器

速度是表示物体运动快慢的物理量，而加速度是表示物体运动速度变化快慢的物理量。能感受加速度并转换成可用输出信号的传感器称为加速度传感器。

根据牛顿第二定律：$a$(加速度)$= F$(力)$/m$(质量)。

只需测量作用力 $F$ 就可以得到已知质量物体的加速度。利用电磁力平衡这个力，就可以得到作用力与电流（电压）的对应关系，通过这个简单的原理来设计加速度传感器。

其本质是通过作用力造成传感器内部敏感部件发生变形，通过测量其变形并用相关电路转化成电压输出，得到相应的加速度信号。

加速度传感器主要分成四种类型，分别是压电式加速度传感器、压阻式加速度传感器、电容式加速度传感器、伺服式加速度传感器。

## 6.2.1　压电式加速度传感器

压电式加速度传感器是基于压电晶体的压电效应工作的。某些晶体在一定方向上受力变形时，其内部会产生极化现象，同时在它的两个表面上产生符号相反的电荷；当外力去除后，又重新恢复到不带电状态，这种现象称为压电效应。具有压电效应的晶体称为压电晶体。常用的压电晶体有石英、压电陶瓷等。压电效应原理图如图 6 – 14 所示。

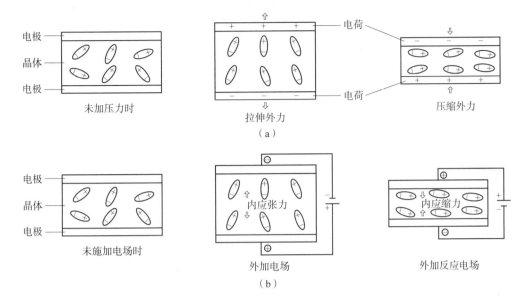

图 6 – 14  压电效应原理图

（a）正压电效应——外力使晶体产生电荷；（b）逆压电效应——外加电场使晶体产生形变

压电式加速度传感器的优点是频带宽、灵敏度高、信噪比高、结构简单、工作可靠和质量轻等。其缺点是某些压电材料需要防潮措施，而且输出的直流响应差，需要采用高输入阻抗电路或电荷放大器来克服这一缺陷。

压电式加速度传感器在现代生产生活中被应用于许许多多的方面，如笔记本电脑硬盘的抗摔保护。目前用的数码相机和摄像机里也有加速度传感器，用来检测拍摄时手部的振动，并根据这些振动自动调节相机的聚焦。

## 6.2.2  压阻式加速度传感器

压阻式加速度传感器是最早开发的硅微加速度传感器（基于 MEMS 硅微加工技术），压阻式加速度传感器的弹性元件一般采用硅梁外加质量块，质量块由悬臂梁支撑，并在悬臂梁上制作电阻，连接成测量电桥。在惯性力作用下质量块上下运动，悬臂梁上电阻的阻值随应力的作用而发生变化，引起测量电桥输出电压变化，以此实现对加速度的测量。

压阻式硅微加速度传感器的典型结构形式有很多种，已有悬臂梁、双臂梁、4 梁和双岛 –5 梁等结构形式。弹性元件的结构形式及尺寸决定传感器的灵敏度、频响、量程等。质量块能够在较小的加速度作用下，使得悬臂梁上的应力较大，提高传感器的输出灵敏度。在大加速度下，质量块的作用可能会使悬臂梁上的应力超过屈服应力，变形过大，致使悬臂梁断裂。为此高 $g_n$ 值加速度拟采用质量块和梁厚相等的单臂梁和双臂梁的结构形式，如图 6 – 15 所示。

优点：体积小、频率范围宽、测量加速度的范围宽，直接输出电压信号，不需要复杂的电路接口，大批量生产时价格低廉，可重复生产性好，可直接测量连续的加速度和稳态加速度。

缺点：对温度的漂移较大，对安装和其他应力也较敏感，它不具备某些低 $g_n$ 值测量时

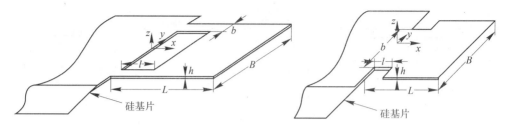

图 6 - 15　单臂梁和双臂梁的结构形式

所需的准确度。

压阻式加速度传感器已用在步进电动机作为动力机械的控制系统中，广泛应用于汽车碰撞实验、测试仪表、设备振动监测等领域。

# 6.3　速度、加速度传感器的应用

随着对汽车的行驶状态的全面监控、舒适性要求的提高，汽车电子化已成为现实。而传感器则是实现汽车电子化的机电接口。现代汽车中几乎应用了所有类型的传感器。汽车用传感器种类主要有温度传感器、压力传感器、转速传感器、速度传感器、流量传感器、位移方位传感器、气体浓度传感器等。应用在汽车上的速度传感器如下：

### 1. 发动机转速传感器

其功用是检测发动机转速，并把检测结果输入到汽车仪表系统显示发动机工况；或输入发动机控制系统和底盘某些控制系统的 ECU，用于燃油喷射量、点火提前角、动力传动等控制。发动机转速的检测通常利用曲轴位置传感器的检测信号实现。

由于发动机转速的检测通常利用曲轴位置传感器的检测信号实现，若已知曲轴旋转360°曲轴位置传感器发出的脉冲数，即可检测发动机转速。下面简单介绍美国 GM 公司霍尔式曲轴位置传感器。

美国 GM 公司霍尔式曲轴位置传感器安装在曲轴前端，采用触发叶片式。曲轴皮带轮前端装内外两个带触发叶片的信号轮，与曲轴一起旋转。外信号轮均匀分布着 18 个触发叶片和 18 个窗口，叶片和窗口的宽度为 10°弧长，外信号轮每旋转 1 周产生 18 个脉冲信号，称为 18 × 信号。内信号轮设有 3 个触发叶片和 3 个窗口，脉冲周期均为 120°曲轴转角的时间，脉冲上升沿分别产生于第 1、4 缸，第 3、6 缸和第 2、5 缸上止点前 75°，作为判别气缸基准信号。

### 2. 车速传感器

其功用是检测汽车行驶速度，并把检测结果输入给汽车仪表系统，用于显示车速。车速通常通过直接或间接检测汽车轮胎的转速获得。电磁感应式车速传感器的组成如图 6 - 16 所示，车速传感器由永久磁铁和电磁感应线圈组成，它被固定安装在变速器输出轴附近的壳体上，输出轴上的驻车锁定齿轮为感应转子。

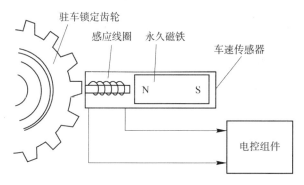

图 6 - 16   车速传感器的组成

当变速器输出轴转动时，驻车锁定齿轮的凸齿不断地靠近或离开车速传感器，使线圈内的磁通量发生变化，从而产生交流电，车速越高，输出轴转速也越高，感应电压脉冲频率也越高，电控组件根据感应电压脉冲的频率计算汽车行驶的速度。

电磁感应式车速传感器安装在自动变速器输出轴附近的壳体上，用于检测自动变速器输出轴的转速。电控单元 ECU 根据车速传感器的信号计算车速，作为换挡控制的依据。

### 3. 车轮转速传感器

其功用是检测车轮转速，并把检测结果输入 ABS/ASR 系统 ECU，用于汽车的制动或驱动控制。霍尔式轮速传感器特点是输出信号电压幅值不受转速的影响，频率响应高，抗电磁波干扰能力强。

汽车速度传感器一览表如表6 - 2 所示。

表6 - 2   汽车速度传感器一览表

| 传感器 | 结构 | 安装位置 | 工作原理 |
|---|---|---|---|
| 发动机转速传感器 | 舌簧开关式 | 分电器内部 | 舌簧开关 |
|  | 电磁感应式 | 柴油机喷油泵、汽油机分电器 | 电磁感应 |
| 车速传感器 | 舌簧开关式 | 车速表转子附近 | 舌簧开关 |
|  | 电磁感应式 | 变速器输出轴附近的壳体上 | 电磁感应 |
|  | 光电式 | 速度表内 | 光电效应 |
|  | 可变磁阻式 | 变速器壳体内 | 改变磁阻 |
| 轮速传感器 | 电磁感应式 | 驱动轮上、从动轮上、后桥主减速器壳上或变速器输出轴上 | 电磁感应 |
|  | 霍尔式 |  | 霍尔效应 |
|  | 水银式 |  | 霍尔效应 |
|  | 差动变压式 |  |  |

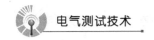

## ● 习 题

**简答题**

（1）常用的激振器有哪几种？

（2）测振系统常用的传感器有哪几种？

（3）采用门电路和计数器及合适的转盘机构，设计一个计数式慢转速测量装置，使输出计数值与转速周期成正比。

（4）绝对振动传感器在什么情况下可测量振动位移？在什么情况下可测量振动加速度？

（5）磁电式速度传感器中线圈骨架为什么采用铝骨架？

（6）试指出所有加速度传感器的共同特点。

第7章

电压与电流检测

本章重点

在介绍电压与电流测量的基本原理基础上，给出了几种常用直读式测量仪表（包括磁电系仪表、电磁系仪表和电动系仪表等）工作原理，介绍了基于直读式仪表的电压、电流测量方法，基于互感器的电压、电流测量方法，以及电压与电流检测技术的应用。

# 7.1 电压与电流测量基本原理

## 7.1.1 电流的测量

电量的测量在电子测量中占有重要的地位，尤其是电流，它是电子设备消耗功率的主要参数，也是衡量单元电路和电子设备工作安全情况的一个主要参数。

电流按电路频率可分为直流、工频、低频、高频和超高频电流。测量电流时，除要注意其量值大小外，还要注意其频率的高低。

**1. 直流电流的测量**

直流电流的测量，一般用在控制系统及直流供电的设备系统中。

1）直流电流测量的一般方法

在电子电路中，直流电流的测量一般采用直接测量法和间接测量法。

直流电流采用间接测量的原因主要有以下两个：

（1）模拟式电流表的阻抗不能做到很小，更不可能接近于零。所以，将电流表串入被

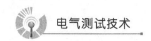

测电路测量电流时，电流表本身的内阻将给电路带来一定的影响。

（2）电流的直接测量必须将电流表串联在电路中，为了测定电流，必须断开电路，这就给测量带来了麻烦。

测量直流电流可采用模拟直流电流表、模拟万用表及数字万用表等仪表。

2）模拟直流电流表的工作原理

（1）磁电式仪表测量直流电流的工作原理。

直流电流表多数为磁电式仪表，磁电式表头主要由可动线圈、游丝和永久磁铁组成。线圈框架的转轴上固定了读数指针，当线圈中流过电流时，在磁场的作用下，可动线圈发生偏转，带动上面固定的读数指针偏转，偏转的角度为

$$\alpha = S_I \cdot I \tag{7-1}$$

式中，$\alpha$——指针偏转角；

$S_I$——电流表灵敏度；

$I$——线圈中流过的电流。

电流表灵敏度由仪表结构参数决定，对于一个确定仪表来说，它是一个常数。因此，指针的偏转角与通过可动线圈的电流 $I$ 成正比。

由式（7-1）可以看出，表头本身可直接作为电流表使用。但直接采用表头测量，只能测量直流电流。因为如果可动线圈中通入交流电流，指针会随电流的变化左右摇摆。若通入电流的频率较高，则摇摆频率变高，不但无法读数，还可能由于发热对偏转机构造成损坏。

（2）磁电式仪表的量程扩展。

从磁电式仪表的工作原理可以看出，不增加测量线路，磁电式仪表是可以直接测量直流电流的。但由于被测电流要通过游丝和可动线圈，被测电流的最大值只能限制在几十微安到几十毫安，要测量大电流就需要另外加接分流器。

图7-1（a）所示为单量限电流表。A、B 为电流表的接线端，$R$ 为一个并联在磁电式测量机构上的分流电阻。被测电流从端钮 A 输入，由于 $R$ 的分流作用，只有小部分电流从测量机构流过。由于测量机构内阻是已知的，允许通过的电流由可动线圈的线径及游丝决定，故可根据被测电流的大小设计 $R$ 的大小。

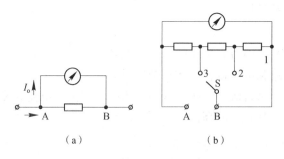

（a）　　　　　　　　　　（b）

图7-1　电流表的量程扩展图

（a）单量限电流表；（b）多量限电流表

多量限电流表则是在单量限电流表的基础上加上不同的分流电阻所构成的，如图7-1（b）所示。当开关 S 不接通时，分流电阻最大；当开关 S 接通1点与3点时，分流电阻最小。可见，量程的扩大是通过并联不同的分流电阻实现的，这种电流表的内阻随量程的大小而不同。量程越大，测量机构流过的电流越大，分流电阻越小，电流表对外显示的总内阻也

越小。

（3）整流式表头的工作原理。

磁电式仪表的表头不能直接用来测量交流电参数，因为其可动部分的惯性较大，跟不上交流电流流过表头线圈所产生的转动力矩的变化，故不能指示交流电的大小。若把交流电转换成单方向的直流电，让直流电流通过表头，则表针偏转角的大小就间接反映了交流电的大小。把交流电转变为直流电可采用整流电路，常用的整流电路有半波整流和全波整流，如图7－2所示。

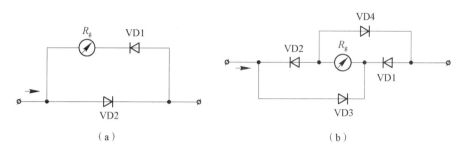

图7－2 整流式表头原理图

（a）半波整流式表头；（b）全波整流式表头

在图7－2（a）中，当电路加入下弦信号时，在交流信号的正半周二极管VD2导通、VD1截止；负半周二极管VD1导通，VD2截止，在一个周期内只有半个周期的电流流过表头。

在图7－2（b）中，当电路加入下弦信号时，在交流信号的正半周二极管VD3、VD4导通，VD1、VD2截止；负半周二极管VD1、VD2导通，VD3、VD4截止。在一个周期内信号全部流过表头，比图7－2（a）的电路效率高。

由于磁电式表头可动部分的惰性作用，表头指针只能反映脉动电流的平均值，而不能反映脉动电流的瞬时值，所以仪表指针的偏转角指示的是交流信号整流后的脉动直流的平均值的大小。

在实际工作中，人们常用正弦有效值刻度定义表盘。因此，一般通过电路，将交流信号平均值换算成有效值，再由表头指示。

3）数字式万用表测量直流电流的原理

数字式万用表的测量过程是先通过转换电路将被测量转换成直流电压信号，由模/数（A/D）转换器将电压模拟量变成数字量，然后通过电子计数器计数，最后把测量结果用数字直接显示在显示器上。其测量过程如图7－3所示。

图7－3 数字式万用表的测量过程

数字式万用表直流电流挡的基础是数字式电压表，它是通过电流－电压转换电路，使被测电流通过标准电阻而将电流转换成电压来进行测量的。电流－电压转换电路如图7－4所示。

被测电流 $I_x$ 流过标准采样电阻，在采样电阻 $R_N$ 上产生一个正比于 $I_x$ 的电压，$R_N$ 上的电压经放大器放大后输出，此输出电压就可以作为数字电压表的输入电压来测量。

数字式万用表的直流电流的量程切换可通过不同的取样电阻 $R_N$ 来实现。量程越小，取样电阻就越大。

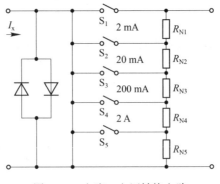

图 7 – 4 电流 – 电压转换电路

4) 直流电流的测量方法

直流电流要用直流结构的电流表来测量，不能用交流电流表来测量。

（1）用模拟式万用表测量。

模拟式万用表的测量过程是先通过一定的测量电路，将被测电量转换成电流信号，再由电流信号驱动磁电式表头指针的偏转，在刻度尺上指示被测量的大小。其测量过程如图 7 – 5 所示。由此可见，模拟式万用表是在磁电式微安表头的基础上扩展而成的。

被测信号 → 转换电路 → 电流信号 → 微安表头

图 7 – 5 模拟式万用表测量电流的过程

用模拟式万用表测量直流电流时是将万用表串联在被测电路中的，因此表的内阻可能影响电路的工作状态，使测量产生误差，也可能由于量程不当而烧毁万用表，所以，使用时一定要小心。

（2）用数字式万用表测量。

与模拟式万用表测量直流电流一样，数字式万用表同样是将万用表串联在被测电路中。当数字式万用表串联在被测电路中时，取样电阻的阻值会对被测电路的工作状态产生一定的影响，在使用时应注意。

（3）用间接测量法测量直流电流。

如果被测支路内有一定值电阻 $R$ 可以利用时，测量该电阻两端的直流电压 $U$，然后根据欧姆定律求出被测电流 $I = U/R$。由于该电阻与被测元件串联，所以这个电阻 $R$ 一般称为电流取样电阻。当被测支路无现成的电阻可利用时，也可以人为地串入一个取样电阻来进行间接测量，取样电阻的取值原则是对被测电路的影响越小越好，一般在 $1 \sim 10 \ \Omega$，尽量不超过 $100 \ \Omega$。

## 2. 交流电流的测量

交流或工频（50 Hz）的电流测量，一般用在电力系统及电工技术领域中。它的主要特点是测量直流值很大，可达数千安培；而高频或低频电流的测量，一般用于电子技术领域，其测量数值为毫安级或安培级。

1）交流电流测量的一般方法

在电子电路中，交流电流的测量同样可以采用直接测量法或间接测量法。

交流电流的测量可以采用模拟电流表、数字电流表进行间接或直接测量。一般情况下，采用间接测量法更为普遍。因为除了电流表本身内阻大小的影响和断开电路的麻烦，交流电流测量还具有其特有的性质。

（1）模拟式电流表在直流运用时，可视为一个简单的内阻；而在交流状态下呈现为一个阻抗，电流表在高频运用状态下的等效电路如图7-6所示。A点和B点为电流表的输入端，$R_0$、$L_0$为电流表本身的电阻和电感，$C_0$为A、B之间的分布电容，$C_1$、$C_2$是对地分布电容。由图7-6可以看出，由于电流本身的电抗分布电容的作用，随着频率增加，阻抗也增大。增大的电抗部分引入的测量误差也增加，从而影响了测量的准确性。

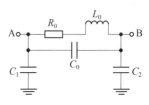

图7-6　电流表在高频运用状态下的等效电路

（2）在超高频段，电路或元件受分布参数的影响，电流的分布也是不均匀的，无法用电流表来测量各处的电流值。

（3）利用取样电阻的间接测量法，可将交流电流的测量转换成交流电压的测量。一切测量交流电压的方法都可用来完成交流电流的测量，而且还可以利用示波器观察电路中电压和电流的相位关系。用间接法测量交流电流的方法与用间接法测量直流电流的方法相同，只是对取样电阻有一定的要求。当电路工作频率在20 kHz以上时，就不能选用普通线绕电阻作为取样电阻了，高频时应采用薄膜电阻。

因此，在测量交流电流时，只在低频（45～500 Hz）电流的测量中，利用交流电压表或具有交流电流测量挡普通万用表或数字万用表串联在被测电路中进行交流的直接测量。一般交流电流的测量都采用间接测量法，即先利用交流电压表测出电压，再利用欧姆定律换算成电流。

2）模拟交流电流表的工作原理

（1）磁电式电流表测量交流电流的工作原理。

普通磁电式万用表可以测量低频（45～500 Hz）交流电流，这是因为在其内部测量电路中加入了一个二极管整流电路，它将交流电流变成了单方向的脉动电流，因而磁电式测量机构的指针能够偏转。为了避免指针抖动，在测量机构两端并联一个电容，此时仪表的偏转取决于被测交流的整流平均值，但刻度是按正弦有效值刻度的。因此，普通磁电式万用表只能测量正弦交流电流，若波形畸变，则会产生误差。

（2）电磁式电流表测量交流的工作原理。

电磁式电流表是测量交流电流最常用的一种仪表，它具有结构简单、过载能力强、造价低廉以及交直流两用等一系列优点，在实验室和工程测量中得到了广泛的应用。

电磁式仪表是由一个可动软磁片（铁芯）与固定线圈中电流产生的磁场相互吸引而工作的仪表。当线圈中通过被测电流$I$时，对铁芯产生吸引力或排斥力，固定在转轴上的铁芯转动，带动指针偏转。可以证明，指针偏转的角度为

$$\alpha = \frac{1}{2W} I^2 \frac{\mathrm{d}L}{\mathrm{d}\alpha} \qquad (7-2)$$

式中，$\alpha$——指针偏转角；

$L$——线圈自感；

$I$——线圈中流过的电流。

如果改变铁芯的形状设计，使$\dfrac{\mathrm{d}L}{\mathrm{d}\alpha} = \dfrac{1}{I}$，则偏转角度与流入电流成正比。

由于可动铁芯受力方向与线圈电流方向无关，当线圈电流方向改变时，线圈磁极性和铁芯磁极性同时改变而保持受力方向不变，因此，电磁式仪表可以测直流电流，也可测交流电流，这是与磁电式仪表不同的地方。

（3）电磁式电流表的量程扩展。

由电磁式仪器的工作原理可以看出，电磁式测量机构本身就是电流表，只要将被测电流接到固定线圈中即可。由于固定线圈的线径较粗，可以流入大电流，因而不需要分流器。

需要扩大量程时，可以采用加粗线径和减少匝数的办法，但线径也不能过粗，否则质量太大。

电磁式表头构成多量限电流表时，与磁电式仪表不同，它不宜采用分流器。因为对应一定的电流分配关系，线圈内阻较大时，要求分流器的电阻也较大。因此，仪表工作消耗的功率变大。所以当电磁式表头构成多量限电流表时，通常采用线圈分段串联的办法，例如将线圈分成四段绕制。通过四段的串联、并联或混联可构成 3 个量限的电流表。如图 7 - 7 所示，设线圈线径允许通过的电流为 $I$，则通过串并联可得到 $2I$ 或 $4I$ 的量限。

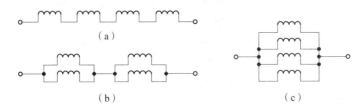

图 7 - 7　多量限电流表的线路
（a）串联；（b）串并混联；（c）并联

3）热电式电流表

（1）热电式电流表的工作原理。

热电式电流表是通过热电现象，先把高频电流转变为直流电，再测量直流电（常用磁电式电流表）的大小，从而间接地反映出被测高频电流的量值。

将高频电变为直流电的原理是基于一种封闭线路内有直流电产生的现象。这个封闭线路是由两个不同金属元素的导线组成的热电偶。导线的两个焊接处有电动势出现，其大小正比于两焊接点的温度差，且与组成热电偶的材料有关。

根据上述原理可组成热电式电流表，如图 7 - 8 所示。其中，AB 是一金属导线。当通过电流时，由于电流的热效应，使 AB 导线的温度上升。DCE 是一热电偶，在 DE 之间串接了一只磁电式电流表 G，以此来测量热电偶中的热电流。由于 C 点是焊接在导线 AB 上的，因此当 AB 导线因通过电流而温度上升时，C 点的温度也随之上升。而 CD 和 CE 是两种不同材料的导体，它们的热电特性不同，在 D、

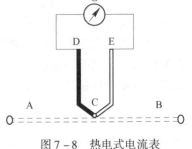

图 7 - 8　热电式电流表
原理图

E 两点由于存在温差而产生热电动势。这样热电偶中将产生热电流，使电流表 G 的指针发生偏转。电流表 G 指针的偏转角度与被测电流的大小有一定的关系，所以可用此装置来测量高频电流。

由于热电式电表的读数与发热器的功率成正比，即与流过加热导体的有效值的平方成正比，所以电表的刻度接近于平方律特性。在这种非线性刻度上，约有相当于额定电流 20% 的起始部分是无法使用的，这种电表的测量准确度为 1.5%。

在测量 100 mA 以下的小电流时，为了提高灵敏度，常将热电偶与发热器放在密封的玻璃泡内，且抽成真空，使发热器产生的热能比在空气中散发的少，以保证大部分的热能供给热电偶。在测量大电流时可将热电偶与发热器放在密封的玻璃泡中，但不必抽成真空。此时密封仅是为了使发热器与热电偶周围的空气不流动，使热能不被流动的空气带走。

（2）热电式电流表的量程扩展。

一般来讲，热电式电流表的量程不可能太大。因为当加热器要通过强电流时，必须相应地加粗加热器的导线。但导线加粗后趋肤效应的作用不同，误差必然增大。同时，强电流通过加热器将引起加热器的发热量增加，而发热量增加过多会使热电偶的热工作状态遭到破坏，使测量误差增加。因此，一般在测量强电流时都采用分流器或变流器来减小流过热电式电流表的电流，从而扩大量程。

①分流法。从原理讲可分为电阻、电容和电感 3 种分流法。电阻分流法的功耗大，故不在高频电流表中使用；电感分流法功耗小，易受外界交变磁场的影响，使用的场合较少；电容分流法用得较多。

电容分流的方法是将热电式电流表的输入端并联一只电容，分流掉一部分高频电流，达到扩大量程的目的。此法与普通直流电表加分流电阻相似。

采用电容、电感分流器的电流表，其压降较大，这个压降还与被测电流的频率有关，因此对被测电路有一定的影响。

②变流法。变流法是采用变流器进行分流的方法，如图 7-9 所示。

图 7-9 中 $L_1$、$L_2$ 组成一个高频变压器，被测电流 $I_1$ 从端点 F、H 的线圈 $L_1$ 中流过，$L_1$ 和 $L_2$ 线圈中感应出电流 $I_2$。适当选配 $L_1$、$L_2$ 的匝数比，如令 $L_1$、$L_2$ 的匝数比小于1，就可以使 $I_2$ 的值小于 $I_1$ 的值，从而实现了量程的扩大。

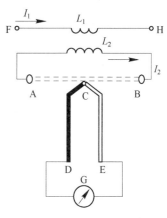

图 7-9　变流法扩大量程

## 7.1.2　电压的测量

电压是一个基本物理量，是集总电路中表征电信号能量的三个基本参数（电压、电流、功率）之一。电压测量是电子测量中的基本内容。

在电子电路中，电路的工作状态（如谐振、平衡、截止、饱和以及工作点的动态范围）通常都以电压形式表现出来。电子设备的控制信号、反馈信号及其他信息主要表现为电压量。在非电量的测量中，也多利用各类传感器件装置将非电参数转换成电压参数。

电路中其他电参数（包括电流和功率，以及信号的幅度、波形的非线性失真系数、元件的 $Q$ 值、网络的频率特性和通频带、设备的灵敏度等）都可以视作电压的派生量，通过电压测量获得其量值。

最重要的是，电压测量直接、方便，将电压表并接在被测电路上，只要电压表的输入阻抗足够大，就可以在几乎不对原电路工作状态有所影响的前提下获得较满意的测量结果。

### 1. 电压测量的特点

（1）被测电压频率范围宽。

电子电路中电压信号的频率范围相当广，除直流外，交流电压的频率从 $10^{-6}$ Hz（甚至更低）到 $10^9$ Hz，频段不同，测量方法也各异。

（2）被测电压值范围广。

被测电压值范围是选定电压表量程范围的依据。通常，待测电压的上限高至数十千伏，下限值低至零点几微伏。随着超导器件的应用，已能测出皮伏（pV）级的电压。

若信号电压电平低，则要求电压表分辨力高，而这些又会受到干扰、内部噪声等的限制。若信号电压电平高，则要考虑电压表输入级中加接分压网络，而这又会降低电压表的输入阻抗。

（3）输入阻抗高。

电压测量仪表的输入阻抗是被测电路的额外负载。为了减小电压表接入时对被测电路工作状态的影响，要求它具有尽可能高的输入阻抗，即输入电阻大、输入电容小。

（4）抗干扰能力强。

电压测量易受外界干扰的影响，当信号电压较小时，干扰往往成为影响测量精度的主要因素。要求高灵敏度电压表（如数字式电压表、高频毫伏表等）必须具有较强的抗干扰能力，测量时也要特别注意采取相应措施（例如正确的接线方式、必要的电磁屏蔽），以减少外界干扰的影响。

（5）测量精确度高。

由于被测电压的频率、波形等因素的影响，电压测量的准确度有较大差异。电压值的基准是直流标准电压，直流测量时分布参数等的影响也可以忽略，因而直流电压测量的精度较高。目前利用数字电压表可使直流电压测量精度优于 $10^{-7}$ 量级。交流电压测量精度要低得多，因为交流电压必须经交流/直流（AC/DC）变换电路变成直流电压，交流电压的频率和电压大小对 AC/DC 变换电路的特性都有影响，同时高频测量时分布参数的影响很难避免和准确估算。目前交流电压测量的精度一般在 $10^{-2} \sim 10^{-4}$ 量级。

（6）被测电压波形多样。

电子电路中的电压波形除正弦波电压外，还有大量非正弦波电压，而且被测电压中往往是交流与直流并存，等等。

### 2. 电子电压表的分类

电子电压表的类型很多，一般来说，可分为模拟式电压表和数字式电压表两类。

1）模拟式电压表

这类电压表采用磁电式直流电流表头作为电压指示器。测量直流电压时，可直接或经放大，或经衰减后变成一定量的直流电流驱动直流表头的指针偏转以指示电压值。测量交流电压时，先用交流－直流变换器将被测交流电压转换成与之成比例的直流电压后，再进行直流电压的测量。检波器是应用较为普遍的交流－直流变换器。另外，还有热电转换法和公式法。热电转换法是利用热电偶将交流电压有效值转换为直流电压。公式法是利用模拟乘法器、积分器、开方器等电路将输入交流电压变换为与其有效值成比例的直流电压。

根据被测电压的大小、频率及精确度要求不同，检波器在电压表中所处的位置也不同，从而形成了不同的模拟式交流电压表组成方案。

（1）放大－检波式。

放大－检波式电压表方案框图如图7－10所示，被测电压先经宽带放大器放大，然后再检波。由于信号首先被放大，在检波时已有足够的幅度，可避免小信号检波时的非线性影响，因此灵敏度较高，一般可达毫伏级。其工作频率范围因受放大器带宽的限制而较窄，典型的频率范围为20 Hz～10 MHz，所以这种电压表也称为视频毫伏表。

图7－10　放大－检波式电压表方案框图

（2）检波－放大式电压表。

检波－放大式电压表方案框图如图7－11所示。它先将被测交流电压变换成直流电压，然后经直流放大器放大，最后驱动直流表头指针偏转。这种电压表的频带宽度主要取决于检波电路的频率响应，若把特殊的高频检波二极管置于探极内，并减小连接分布电容的影响，工作频率上限可达吉赫（GHz）级。因此，这种组成方案的电压表一般属于高频电压表或超高频电压表。但电压表灵敏度受检波器的非线性限制，若采用一般直流放大器，灵敏度只能达到0.1 V左右。若采用调制式直流放大器，灵敏度可提高到毫伏级。

图7－11　检波－放大式电压表方案框图

（3）外差式电压表。

检波－放大式电压表虽然频率范围较宽，但灵敏度不高；放大－检波式电压表灵敏度较高而频率范围又较窄。频率响应和灵敏度相互矛盾，很难兼顾。外差式电压表有效地解决了上述矛盾。外差式电压表方案框图如图7－12所示，被测信号通过输入电路后，在混频器中与本机振荡器的振荡信号混频，输出频率固定的中频信号，经中频放大器放大后进入检波器变换成直流电压，驱动直流表头指针偏转。

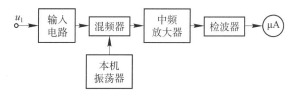

图7－12　外差式电压表方案框图

由于外差式电压表的中频是固定不变的，中频放大器具有良好的频率选择性和相当高的增益，从而解决了放大器的带宽与增益的矛盾。又因中频放大器通带极窄，在实现高增益的同时，可以有效地削弱干扰和噪声的影响，使电压表的灵敏度提高到微伏级，故这种电压表又称为高频微伏表。

2）数字式电压表（DVM）

数字式电压表首先对被测模拟电压进行处理、量化，再由数字逻辑电路进行数据处理，最后以数码形式显示测量结果。其组成框图如图 7 - 13 所示。

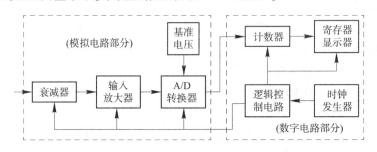

图 7 - 13　直流数字式电压表的组成框图

图 7 - 13 所示 DVM 只能测量直流电压，要测量交流电压需附加一个交流 - 直流变换器。这里只讨论直流数字电压表的工作原理。如图 7 - 13 所示，电路组成可分为模拟和数字两部分。模拟部分包括衰减器、输入放大器和 A/D 转换器，用于模拟信号的电平转换，并将模拟被测量转换为与之成正比的数字量。数字部分包括计数器、寄存器、显示器、逻辑控制电路和时钟发生器，其作用是完成整机逻辑控制、计数和显示等任务。

A/D 转换器是数字电压表的核心。直流数字电压表主要根据 A/D 转换器的转换原理不同，可分为以下几种类型。

（1）比较型数字电压表。

比较型数字电压表把被测电压与基准电压进行比较，以获得被测电压的量值，是一种直接转换方式。这种电压表的特点是测量精确度高、速度快，但抗干扰能力差。根据比较方式的不同，又分为反馈比较式和无反馈比较式。

（2）积分型数字电压表。

积分型数字电压表利用积分原理首先把被测电压转换为与之成正比的中间量———时间或频率，再利用计数器测量该中间量。根据中间量的不同又分为电压 - 时间（$U - t$）式和电压 - 频率（$U - f$）式。这类 A/D 转换器的特点是抗干扰能力强、成本低，但转换速度慢。

（3）复合型 A/D 转换器。

复合型数字电压表是将比较型和积分型结合起来的一种类型，取其各自优点，兼顾精确度、速度、抗干扰能力，从而适用于高精度测量。

### 3. 交流电压的基本参数

交流电压的大小可用其峰值、平均值、有效值来表征，而各表征值之间的关系可用波形因数、波峰因数来表示。

1）峰值

峰值是交变电压 $u(t)$ 在所观察的时间内或一个周期内偏离零电平的最大值，记为 $U_P$。

正、负峰值不等时分别用 $U_{P+}$ 和 $U_{P-}$ 表示，如图 7 – 14
所示。

$u(t)$ 在一个周期内偏离直流分量（平均值）$U_0$ 的
最大值称为振幅值，记为 $U_m$，如图 7 – 14 所示。若正、
负幅值不等时分别用 $U_{m+}$、$U_{m-}$ 表示。

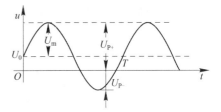

图 7 – 14 交流电压的
峰值与幅值

峰值是以零为参考电平计算的，振幅值则以直流分
量为参考电平计算。对于正弦交流信号而言，当不含直
流分量时，其振幅值等于峰值，且正、负峰值相等。

2）平均值

$u(t)$ 平均值 $\overline{U}$ 的数学定义为

$$\overline{U} = \frac{1}{T} \int_0^T u(t)\,\mathrm{d}t \tag{7-3}$$

$\overline{U}$ 对周期性信号而言，积分时间通常取该信号的一个周期。当 $u(t)$ 为纯交流电压时，
$\overline{U} = 0$；当 $u(t)$ 包含直流分量 $U_0$ 时，$\overline{U} = U_0$，如图 7 – 14 中虚线所示。这样，平均值将无法
表征交流（分量）电压的大小。在电子测量中，通常所说的交流电压平均值是指经过检波
后的平均值，根据检波器的种类不同又可分为全波平均值和半波平均值。

（1）全波平均值。

交流电压经全波检波后的平均值称为全波平均值，用 $\overline{U}$ 表示为

$$\overline{U} = \frac{1}{T} \int_0^T |\,u(t)\,|\,\mathrm{d}t \tag{7-4}$$

（2）半波平均值。

交流电压经半波检波后，剩下半个周期，正半周在一个周期内的平均值称为正半波平均
值，用 $\overline{U}_{+\frac{1}{2}}$ 表示；负半周在一个周期内的平均值称为负半波平均值，用 $\overline{U}_{-\frac{1}{2}}$ 表示：

$$\overline{U}_{+\frac{1}{2}} = \frac{1}{T} \int_0^T u(t)\,\mathrm{d}t \qquad u(t) \geqslant 0 \tag{7-5}$$

$$\overline{U}_{-\frac{1}{2}} = \frac{1}{T} \int_0^T |\,u(t)\,|\,\mathrm{d}t \qquad u(t) < 0 \tag{7-6}$$

对于纯交流电压有 $\overline{U}_{+\frac{1}{2}} = \overline{U}_{-\frac{1}{2}} = \frac{1}{2}\overline{U}$。

3）有效值

有效值又称均方根值，其数学定义为

$$U = \sqrt{\frac{1}{T} \int_0^T u^2(t)\,\mathrm{d}t} \tag{7-7}$$

有效值的物理意义是：交流电压 $u(t)$ 在一个周期内施加于一纯电阻负载上所产生的热
量与直流电压在同样情况下产生的热量相等时，这个直流电压值就是交流电压有效值。

作为表征交流电压的一个参量，有效值比峰值、平均值应用更为普遍。通常所说的交流
电压的量值就是指它的有效值。

4）波形因数和波峰因数

为了表征同一信号的峰值、有效值及平均值的关系，引入波形因数及波峰因数。

波峰因数 $K_p$ 定义为交流电压的峰值与有效值之比，即

$$K_p = \frac{U_p}{U} \qquad (7-8)$$

波形因数 $K_F$ 定义为交流电压有效值与平均值之比，即

$$K_F = \frac{U}{\overline{U}} \qquad (7-9)$$

表 7-1 所示为几种常见电压波形的参数。

表 7-1　几种常见电压波形的参数

| 名称 | 峰值 | 波形 | $U$ | $\overline{U}$ | $K_F$ | $K_p$ |
|---|---|---|---|---|---|---|
| 正弦波 | $A$ | | $\dfrac{A}{\sqrt{2}}$ | $0.673A$ | 1.11 | $\sqrt{2}=1.414$ |
| 全波整流正弦波 | $A$ | | $\dfrac{A}{\sqrt{2}}$ | $0.673A$ | 1.11 | $\sqrt{2}=1.414$ |
| 三角波 | $A$ | | $\dfrac{A}{\sqrt{3}}$ | $\dfrac{A}{2}$ | 1.15 | $\sqrt{3}=1.732$ |
| 方波 | $A$ | | $A$ | $A$ | 1 | 1 |
| 脉冲 | $A$ | | $\sqrt{\dfrac{\tau}{T}}A$ | $\dfrac{\tau}{T}A$ | $\sqrt{\dfrac{T}{\tau}}$ | $\sqrt{\dfrac{T}{\tau}}$ |

### 4. 交流电压的测量方法

模拟式交流电压表根据其内部所使用的检波器不同，可分为平均值电压表、有效值电压表和峰值电压表三种。

1) 均值电压表

均值电压表使用均值检波器检波，其输出直流电压正比于输入交流电压的平均值。常用的均值检波电路如图 7-15 所示。其中，图 7-15（a）所示为由四个检波特性相同的二极管组成的桥式电路，图 7-15（b）所示为使用了两只电阻代替两只二极管，称为半桥式电路。

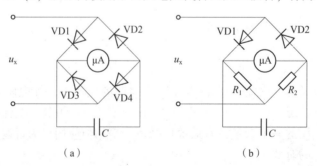

图 7-15　常用的均值检波器电路

（a）桥式电路；（b）半桥式电路

均值检波器输出平均电流正比于输入电压平均值，而与波形无关。由于电流表头动圈偏转的惯性，其指针将指示的值。为了使指针稳定，在表头两端跨接滤波电容，滤去检波器输出电流中的交流分量。

均值检波器的输入阻抗可以等效为一个电阻和一个电容相并联。输入阻抗的电容部分主要取决于元器件及检波器的结构，一般可以小到 1 ~ 3 pF，其输入电阻较低，为 1 ~ 3 Ω。因此，通常在均值检波器前加入放大器等高输入阻抗电路构成放大－检波式电压表。

2）有效值电压表

有效值电压表内部所使用的检波电路为有效值检波器，其输出直流电压正比于输入交流电压的有效值。目前常用下述三种有效值检波器。

（1）分段逼近式有效值检波器。

有效值的定义为 $U = \sqrt{\dfrac{1}{T} \int_0^T u^2(t)\,\mathrm{d}t}$，这要求有效值检波器应具有平方律关系的伏安特性。二极管正向特性曲线的起始部分和平方律特性比较接近，可实现平方律检波，但这种方案动态范围较窄，只能测量较小的输入电压。如采用分段逼近法，则可得到动态范围较大的平方律特性曲线。如图 7 – 16（a）所示，一条理想的平方律曲线可用若干条不同斜率的线段来逼近，并要求随输入电压增大，线段斜率也要增加，即电路的负载电阻应随之减小。

图 7 – 16（b）所示电路就是实现折线平方律特性的一种方案。该电路由两部分组成：左边是由变压器 T 和二极管 VD1、VD2 构成的检波电路，右边是由 $R_2$ ~ $R_{10}$、VD3 ~ VD6 构成的可变电阻网络，它与 $R_1$ 并联后作为检波电路的负载。由于电源电压 U 为 VD3 ~ VD6 提供的反向偏置电压依次升高，即 $U_1 < U_2 < U_3 < U_4$，所以随着输入电压 $u_x(t)$ 的增大，起开关作用的二极管VD3 ~ VD6 逐次导通，从而控制 $R_3 /\!/ R_4$、$R_5 /\!/ R_6$、$R_7 /\!/ R_8$、$R_9 /\!/ R_{10}$ 等电阻依次接入电路，使检波器负载电阻逐渐变小，于是便形成由折线逼近的一条平方律曲线。二极管越多，曲线越光滑。

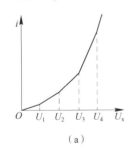 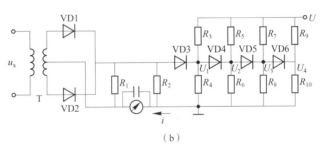

（a）　　　　　　　　　　　　　　　（b）

图 7 – 16　分段逼近式平方律检波电路

（a）平方律曲线；（b）平方律检波电路

（2）热电转换式有效值电压表。

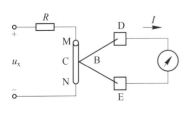

图 7 – 17　热电转换原理

热电转换式有效值检波器利用热电效应及热电偶的热电转换功能来实现有效值变换。

图 7 – 17 所示热电转换原理，图中，MN 为不易熔化的金属丝，称为加热丝。B 为热电偶，它由两种不同材料的导体连接而成，接合点 C 通常与加热丝耦合，故称为"热端"，D、E 则称为"冷端"。当加热丝上通以被测交流电压 $u_x(t)$ 时，将对 C 点加热，使热端 C 点温度高于冷端 D、E，于是在

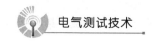

D、E 两点间产生热电动势，有直流电流流过微安表。

由于热端温度正比于被测电压有效值 $U_x$ 的平方，热电动势又正比于热、冷端的温度差，所以通过电流表的电流 $I$ 正比于 $U_x^2$。这就完成了被测交流电压有效值到直流电流之间的转换，不过这种转换是非线性的，即 $I$ 不是正比于 $U_x$，而是正比于 $U_x^2$。因此，必须采取措施使表头刻度线性化。

实际构成热电偶式电压表时，为了克服表头刻度的非线性，利用两个性能相同的热电偶构成热电偶桥，称为双热电偶变换器。如图 7-18 所示，B1 为测量热电偶，B2 为平衡热电偶，两个热电偶特性和所处环境完全相同。

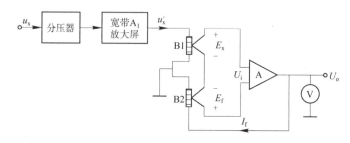

图 7-18　热电转换式有效值电压表原理框图

被测电压 $u_x(t)$ 经宽带放大器放大后加到测量热电偶 B1 的加热丝上，使 B1 产生热电动势 $E_x = K(A_1 U_x)^2$，式中，$A_1$ 为宽带放大器的放大倍数；$K$ 为热电偶转换系数。

在放大后的被测电压加到 B1 的同时，经直流放大器放大的输出电压加到平衡热电偶 B2 上，产生热电动势 $E_f = K U_o^2$。当直流放大器的增益足够高且电路达到平衡时，其输入电压 $U_i = E_x - E_f \approx 0$，即 $E_x = E_f$，所以 $U_o = A_1 U_x$。由此可知，如两个热电偶特性相同，则通过图 7-18 所示反馈系统，输出直流电压正比于 $u_x(t)$ 的有效值 $U_x$，所以表头示值与输入电压有效值呈线性关系。

这种电压表的灵敏度及频率范围取决于宽带放大器的带宽及增益。表头刻度线性，基本没有波形误差。其主要缺点是热惯性，使用时要等指针偏转稳定后方可读数。过载能力差，容易烧坏，使用时应注意。

（3）计算式有效值检波器。

交流电压的有效值即其均方根值，根据这一概念，利用模拟集成电路对信号进行乘方、积分、开平方等运算即可得到其有效值。

图 7-19 所示为计算式转换器方框图。第一级为模拟乘法器，第二级为积分器，第三级执行开方运算，使输出电压的大小与被测电压有效值成正比，从而得到测量结果。

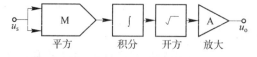

图 7-19　计算式转换器方框图

综上所述，无论用哪种方案构成有效值电压表，表头刻度总为被测电压的有效值，而与被测电压波形无关，这也是有效值电压表的最大优点。

3）峰值电压表

峰值电压表使用的检波器为峰值检波器，其输出直流电压正比于其输入的交流电压的峰值。常用的峰值检波电路如图 7-20 所示，其中图 7-20（a）所示为串联式峰值检波器原理电路，图 7 - 20（b）所示为并联式峰值检波器原理电路。

图 7 - 20 中元件参数必须满足

$$R_D C \ll T_{\min}, RC \gg T_{\max} \tag{7-10}$$

式中，$T_{\min}$、$T_{\max}$ 分别表示被测信号的最小周期和最大周期；$R_D$ 为二极管正向导通电阻，包括被测电压的等效信号源内阻。

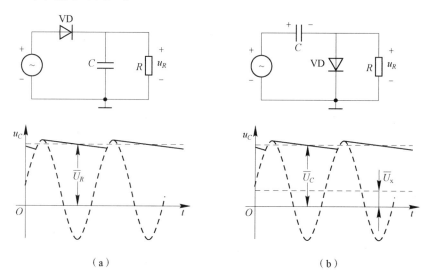

图 7 - 20　峰值检波电路及其工作波形（稳态时）
（a）串联式；（b）并联式

这样的电路参数使检波器输出电压平均值 $\overline{U_R}$ 近似等于输入电压 $u_i$ 的峰值。对于串联式峰值检波器，在被测电压 $u_x(t)$ 的正半周，二极管 VD 导通，$u_x(t)$ 通过它对电容 $C$ 充电。由于充电时间常数 $R_D C$ 非常小，电容 $C$ 上电压迅速达到 $u_x(t)$ 的峰值 $U_P$。当 $u_x(t)$ 从正峰值下降到小于电容两端电压 $U_{C\max}$ 时，二极管 VD 截止，电容 $C$ 通过电阻 $R$ 放电。由于放电时间常数 $RC$ 很大，因此电容上的电压 $U_C$ 在一个周期内下降很少。当 $u_x(t)$ 下一个周期的正半周电压大于此时电容上电压 $U_{C\min}$ 时，二极管 VD 又导通，$u_x(t)$ 再次对电路 $C$ 充电，如此反复。这样，便可在电容 $C$ 两端保持接近于 $u_x(t)$ 正峰值 $U_P$ 的电压，即

$$\overline{U_R} = \overline{U_C} \approx U_{P+} \tag{7-11}$$

对于并联式峰值检波器，电路中的电容 $C$ 有隔直流作用，即检波器的输出只能正比于输入信号中交流电压分量的振幅值 $U_m$，此时 $R$ 两端的电压为

$$u_R(t) = -u_C(t) + u_x(t) \tag{7-12}$$

对该电压积分并滤波后，可得到平均电压

$$
\begin{aligned}
U_{\overline{R}} &= \frac{1}{T} \int_0^T u_R(t) \, dt \\
&= \frac{1}{T} \int_0^T [-u_C(t) + u_x(t)] \, dt \\
&= -\overline{U_C} + \overline{U_x} \\
&\approx -U_{P+} + U_0 \\
&= -U_{m+}
\end{aligned}
\tag{7-13}
$$

式中，$U_0$——被测信号中的直流分量，等于信号一个周期内的平均值；

$\quad\quad U_{P+}$——被测信号的正峰值，即电容两端电压的平均值；

$\quad\quad U_{m+}$——被测信号的正幅值，即负载电阻两端的平均电压。

检波后的直流电压要用直流放大器放大。若采用一般的直流放大器，则增益不高。为了提高电压表的灵敏度，目前普遍采用斩波式直流放大器，它可以解决一般直流放大器的增益与零点漂移之间的矛盾。斩波式直流放大器先利用斩波器把直流电压变换成交流电压，然后用交流放大器放大，最后再把放大后的交流信号恢复为直流电压，因此这种放大器又称作直 – 交 – 直放大器。它的增益很高，而噪声和零点漂移都很小。

# 7.2　电压互感器和电流互感器

## 7.2.1　电压互感器

电压互感器（Potential Transformer，PT）将电力系统中的高电压变换为低电压。主要是给测量仪表和继电保护装置供电，用来测量线路的电压、功率和电能。因此电压互感器的容量很小，一般都只有几伏安至几十伏安。

电压互感器一次绕组并接于一次系统，相当于一个复边开路的变压器，二次负载变化并不会影响一次系统的相应电压。

按工作原理，电压互感器可分为：

（1）电磁式电压互感器。

电力变压器型，原理和普通变压器相似；适用于 6～110 kV 系统；价格贵，容量大，误差小（相对于后者）。

（2）电容式电压互感器（CVT）。

电容分压型，适用于 110～500 kV 系统；价格低，容量小，误差大。

### 1. 电磁式电压互感器的工作原理

电磁式电压互感器的工作原理如图 7 – 21 所示。

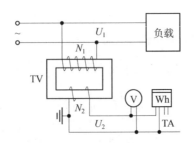

图 7 – 21　电磁式电压互感器的工作原理

一次绕组匝数 $N_1$ 很多，二次绕组匝数 $N_2$ 较少。

二次绕组所接负载的阻抗较大，TV近似运行于空载状态。

电压互感器的一、二次电压之比称为电压互感器的额定变比。

当在一次绕组上施加一个交流电压 $U_1$ 时，在铁芯中就会感生出一个磁通 $\Phi$，根据电磁感应定律，则在二次绕组中就产生一个交变的二次电压 $U_2$。

改变一次或二次绕组的匝数，可以产生不同的一次电压与二次电压比，这样就可组成不同比的电压互感器。

### 2. 电压互感器的工作特性

（1）TV与电路并联连接。一次绕组并接于被测回路；二次绕组与其负载亦为并联关系。

（2）一次侧电压不受二次负载的影响，为被测电力网的电压。

（3）二次绕组近似工作在开路状态。二次绕组的负载是测量仪表和继电器的电压线圈，阻抗很大，通过的电流很小。

（4）二次侧绕组不允许短路。

### 3. 电压互感器应注意的问题

电压互感器二次侧不允许短路，由于电压互感器内阻抗很小，若二次回路短路时，会出现很大的电流，将损坏二次设备甚至危及人身安全。

为了确保人在接触测量仪表和继电器时的安全，电压互感器二次绕组必须有一点接地。

电压互感器的接线应保证其正确性，一次绕组和被测电路并联，二次绕组应和所接的测量仪表、继电保护装置或自动装置的电压线圈并联，同时要注意极性的正确性。

### 4. 电压互感器的准确等级与额定容量

1）电压互感器的准确级

电压互感器的准确级是以电压误差用 $f_u$ 来定义的，即在规定的一次电压和二次负荷变化范围内，二次负荷功率因数为额定值时，最大电压误差百分数，如表7-2所示。

表7-2　电压互感器的准确级和误差限值

| 用途 | 准确级 | 误差限值 | | 适用运行条件 | |
|---|---|---|---|---|---|
| | | 电压误差/% | 相位差/（′） | 一次电压变化范围 | 功率因数及二次负荷范围 |
| 测量 | 0.2 | ±0.2 | ±10 | $(0.8 \sim 1.2) U_{1N}$ | $(0.25 \sim 1) S_{2N}$ $\cos\varphi_2 = 0.8$ |
| | 0.5 | ±0.5 | ±20 | | |
| | 1 | ±1.0 | ±40 | | |
| | 3 | ±3.0 | 不规定 | | |
| 保护 | 3P | ±3.0 | ±120 | $(0.05 \sim 1) U_{1N}$ | |
| | 6P | ±6.0 | ±240 | | |

2）电压互感器的额定容量 $S_{2N}$

同一台电压互感器工作在不同准确级时，会有不同的额定容量，即可以带不同范围的额定二次阻抗。

**5. 电压互感器的分类和结构**

（1）根据相数的不同，分为单相式和三相式。

单相式可制成任意电压等级，三相式一般只有 20 kV 以下电压等级。

（2）根据安装地点的不同，分为户内式和户外式。

（3）根据绕组的不同，分为双绕组式和三绕组式。

三绕组电压互感器有两个二次绕组，一个是基本二次绕组，用于测量仪表和继电器；另一个为辅助二次绕组（开口三角绕组、剩余电压绕组），用来反映单相接地故障（零序电压）。

（4）按绝缘分为干式、浇注式、油浸式和气体绝缘式。

## 7.2.2　电流互感器

**1. 互感器的功能**

电流互感器是一种重要的电气设备，是一次系统和二次系统之间的联络元件，被广泛应用于继电保护、系统监测和系统分析中。电流互感器具有以下的功能：

（1）仪表、继电器等二次设备与一次电路隔离，既可防止一次电路的高电压引入测量仪表、继电器等二次设备，保证人身安全；又可防止仪表和继电器等二次设备的故障影响一次回路的正常运行，从而提高整个一、二次电路的安全性和可靠性。

（2）扩大仪表、继电器的应用范围，将一次系统的大电流变换成小电流，用以分别向测量仪表、继电器的电流线圈提供电流，正确反映电气设备的正常运行参数和故障情况。如变比为 400/5 的电流互感器，可以把实际为 400 A 的电流转变为 5 A 的电流。

（3）使二次侧设备实现标准化、小型化，使其结构简单，规格统一，便于屏内安装，便于维护。

**2. 电流互感器的组成**

电流互感器是由闭合的铁芯和绕组组成的。它的一次绕组匝数很少，串在需要测量的电流的线路中，因此它经常有线路的全部电流流过，二次绕组匝数比较多，串接在测量仪表和保护回路中，电流互感器在工作时，它的二次回路始终是闭合的，因此测量仪表和保护回路串联线圈的阻抗很小，电流互感器的工作状态接近短路。

**3. 电流互感器的结构特点**

（1）一次绕组匝数少，二次绕组匝数多。

（2）一次绕组导体较粗，二次绕组导体细。

（3）一次绕组串接在一次电路中，二次绕组与仪表、继电器电流线圈串联，形成闭合回路。由于这些电流线圈阻抗很小，工作时电流互感器的二次回路接近短路状态。

## 4. 工作原理

电流互感器与变压器类似，也是根据电磁感应原理工作，变压器变换的是电压而电流互感器变换的是电流。如绕组 N1 接被测电流，称为一次绕组（或原边绕组、初级绕组）；绕组 N2 接测量仪表，称为二次绕组（或副边绕组、次级绕组）。

电流互感器一次绕组电流 $I_{N1}$ 与二次绕组 $I_{N2}$ 的电流比，叫实际电流比 $K$。微型电流互感器在额定工作电流下工作时的电流比叫电流互感器额定电流比，用 $K_N$ 表示。变流比 $K_i$ 一般表示成如 100/5 A 的形式。

## 5. 电流互感器的种类

（1）按照安装地点分：户内式（35 kV 电以下）和户外式（35 kV 及以上）。

（2）按照安装方式分：穿墙式、支持式和装入式。

（3）按照绝缘方式分：干式、浇注式、油浸式、瓷绝缘、气体绝缘和电容式。

（4）按照原绕组匝数分：单匝式和多匝式。单匝式分：贯穿型和母线型。

（5）按用途分：测量用和保护用。

（6）按准确级分：测量用电流互感器有 0.1、0.2、0.5、1、3、5 等级；保护用电流互感器一般为 5P 和 10P 两级。

（7）按铁芯分：同一铁芯和分开（两个）铁芯两种。

## 6. 电流互感器的技术参数

（1）额定电压（kV）：指一次绕组对二次绕组和地的绝缘额定电压。

（2）额定电流（A）：指在制造厂规定的运行状态下，通过一、二次绕组的电流。

（3）额定电流比：电流互感器一、二次侧额定电流之比值称为电流互感器的额定电流比，也称额定互感比，用 $K_n$ 表示。

（4）额定二次负荷：指在二次电流为额定值，二次负载为额定阻抗时，二次侧输出的视在功率。通常额定二次负荷值为 2.5～100 V·A，共有 12 个额定值。同一台电流互感器在不同的准确级工作时，有不同的额定容量和额定负载阻抗。

（5）准确级：指在规定的二次负荷范围内，一次电流为额定值时的电流误差限值。测量用电流互感器的准确级有 0.1、0.2、0.5、1、3 和 5 级；保护用电流互感器按用途分为稳态保护用（P）和暂态保护用（TP）两类。稳态保护用电流互感器规定有 5P 和 10P 两种准确级。

## 7. 电流互感器的选型

1）额定电压的选择

电流互感器的额定电压 $U_N$ 不应小于装设点线路的额定电压。

2）额定电流的选择

按其电流互感器的一次额定电流不应小于线路的计算电流，而其二次额定电流按其二次设备的电流负荷而定，一般为 5 A。

3）类型的选择

根据其安装地点（如室内、室外），安装方式（穿墙式、支持式、装入式等），用途

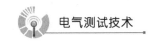

（测量、保护）和要求选择其相适合的形式。

4）准确度等级和额定容量的选择

根据二次回路的要求选择电流互感器的准确度等级，从而进行选择。

# 7.3 电压与电流检测技术的应用

气体绝缘金属封闭开关设备（Gas Insulated Switchgear，GIS）是 SF$_6$ 气体金属封闭式组合电器，将断路器、互感器、隔离开关、接地开关、母线、避雷器等主要元件装入密封的金属容器内，其间充入 SF$_6$ 气体作为绝缘介质兼起灭弧作用。为智能 GIS 设计一种电流/电压传感器测量系统，实现对智能 GIS 中单相电流计量、保护信号以及电压信号的实时测量。采用罗氏线圈对电流计量信号和保护信号进行采样，用同轴精密电容分压器对电压进行采样。智能 GIS 电压和电流测量如图 7 – 22 所示。

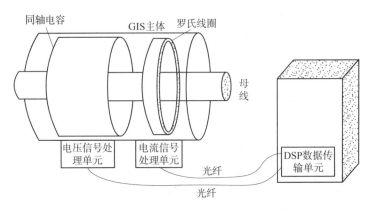

图 7 – 22　智能 GIS 电压和电流测量

图 7 – 22 中，电流传感器实际上是一个罗氏线圈（即为一空心环形线圈），它均匀地绕在一个截面均匀的非磁性材料的骨架上，被测电流从环形线圈中心穿过。

电流信号处理单元放在 GIS 本体之外，安装在外壳上，其电路框图如图 7 – 23 所示。电流信号处理单元由测量信号通路、保护信号通路和直流电源三部分组成。主要作用是处理罗氏线圈从母线上采集到的电流信号，通过积分变换、放大、二阶滤波一系列处理后进行A/D 转换，并将数字信号送入 DSP 数据传输单元进行进一步的处理。电流计量及保护信号通路的设计要求如下：

（1）预处理 1、预处理 2。具有有源积分变换、电压放大和温度补偿的功能，要求频率响应速度快、频带宽、精度高。误差（包括积分漂移、高频误差、运放开环输入阻抗引入误差）控制在 0.1% 以内。

（2）A/D 转换。模拟电压信号转换为数字信号，采用转换速度快、抗干扰能力强、串行输出、双极性的转换芯片，采样率统一设定为 2 kHz。

（3）O/E 转换和光纤传输。电信号转换为光信号，通过光纤传输到机构箱内的 DSP 数据传输单元。光纤选用塑包石英多模光纤。

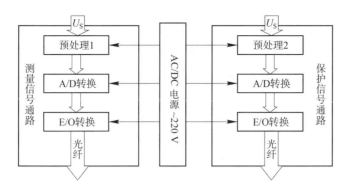

图 7 – 23　电流信号处理单元电路框图

（4）主控 CPU。用 FPGA 实现对 A/D 转换的控制以及数字信号的传输。

（5）AC/DC 电源。220 V 交流电转换为直流稳压电源，提供各部分电源电压。

图 7 – 22 中，电压传感器采用的是同轴电容，基于电容分压的原理获取待测量电压值。电压信号处理单元由测量信号通路和直流电源两部分组成。它的主要作用是处理同轴电容采集到的电压信号，并对电压信号进行放大、调整和转换，最后以光信号的形式输入到 DSP 数据传输单元进行处理。电压信号处理单元电路框图如图 7 – 24 所示。

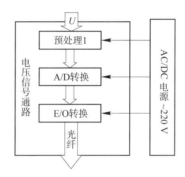

图 7 – 24　电压信号处理单元电路框图

电压信号处理单元的设计要求如下：

（1）放大/温补。采用运放完成电压调整和温度补偿的功能，要求频率响应速度快，频带宽，误差（包括积分漂移、高频误差、运放开环增益和开环输入阻抗引入误差）要求控制在 0.1% 以内。

（2）A/D 转换、O/E 转换和光纤传输。同电流互感器的对应部分，电信号转换为光信号，通过光纤传输到机构箱内的 DSP 数据传输单元。

（3）主控 CPU。用 FPGA 实现对 A/D 转换的控制以及数字信号的传输。

（4）AC/DC 电源。220 V 交流电转换为直流稳压电源，提供各部分电源电压。

## ● 习　题

**简答题**

（1）磁电式电压表的附加电阻有什么作用？

（2）磁电式电压表和电磁式电压表以及电动式电压表测量交流电都是有效值吗？将

220 V 的交流正弦电压全波整流后，若用磁电式电压表测量，问电压表的示数是多少？

（3）电磁式电压表采用什么方式扩大其量限？

（4）为什么大多数电磁式、电动式等仪表标度尺是不均匀的？

（5）为什么电动式仪表和电磁式仪表可用于交直流的测量？

（6）电流互感器的作用有哪些？电压互感器的作用有哪些？

（7）什么是电流互感器的变流比？若一次电流为 1 200 A，二次电流为 5 A，计算电流互感器的变流比。

（8）简述电压互感器绕组匝数对误差的影响，以及电流互感器的二次侧必须接地的原因。

（9）运行中电流互感器二次侧为什么不允许开路？如何防止运行中的电流互感器二次侧开路？运行中的电压互感器二次侧为什么不允许短路？

# 第8章

## 现代传感器

◄◄◄◄◄

本章重点 🌿

　　现代传感器在智能化、多功能化、综合性、集成化、网络化等方面，有别于传统传感器。本章主要介绍智能传感器、网络传感器等现代传感器的概念、特点、结构与作用。

# 8.1　智能传感器

　　智能传感器是一种带有微处理器且兼有检测、判断与信息处理功能的传感器，对环境影响量具有自适应、自学习以及超限报警、故障诊断等功能。与传统传感器相比，智能传感器将传感器检测信息的功能与微处理器的信息处理功能有机地结合在一起，充分利用微处理器进行数据分析和处理并能对内部工作过程进行调节和控制，从而具有了一定的人工智能，弥补了传统传感器功能的不足，使采集数据质量得以提高。智能传感器特点如下：

　　(1) 具有判断和信息处理功能，可对侧重值进行各种修正和误差补偿，因此提高了测量准确度。

　　(2) 可实现多传感器多参数综合测量扩大了测量与使用范围。

　　(3) 具有自适应、自学习、自诊断、自校准功能，提高了可靠性。

　　(4) 具有数字通信接口，能与计算机直接联机，测量数据可以存取，使用方便。

　　通常，智能传感器由传感单元、微处理器和信号处理电路等封装在同一壳体内组成，输出方式常采用 R5－232 或 RS－422 等串行输出，或采用 IEEE－488 标准总线并行输出。智能传感器实际上是一个最小的微机系统，其中作为控制核心的微处理器通常采用单片机，其基本结构框图如图 8－1 所示。

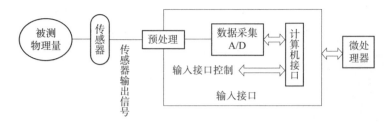

图 8-1 智能传感器基本结构框图

## 8.1.1 智能传感器的功能

实现传感器智能化功能以及建立智能传感器系统，是传感器克服自身不足，获得高稳定性、高可靠性、高精度、高分辨率与高自适能力的必然趋势。不论非集成化实现方式还是集成化实现方式，或是混合实现方式，传感器与微处理器/微计算机赋予智能的结合所实现的智能传感器系统，都是在最少硬件条件基础上采用强大的软件优势来"赋予"智能化功能的。这里仅介绍实现部分基本的智能化功能常采用的智能化技术。

### 1. 非线性校正

实际应用中的传感器绝大部分是非线性的，即传感器的输出信号与被测物理量之间的关系呈非线性。造成非线性的原因主要有两方面：

（1）许多传感器的转换原理是非线性的。例如在温度测量中，热电阻及热电偶与温度的关系就是非线性的。

（2）采用的转换电路是非线性的。例如，测量热电阻所用的四臂电桥，当电阻的变化引起电桥失去平衡时，将使输出电压与电阻之间的关系为非线性。

如果将与被测量 $x$ 呈非线性关系的传感器输出 $y$ 直接用于驱动模拟表头（图 8-2 中虚线所示连接方法），将造成表头显示刻度与被测量 $x$ 之间的非线性。这不仅使读数不便，而且在整个刻度范围内的灵敏度不一致。为此，常采用图 8-2 中实线连接方式，即将传感器的输出信号 $y$ 通过校正电路后再和模拟表头相连。图 8-2 中校正电路的功能是：将传感器输出 $y$ 变换成 $x$，使 $x$ 与被测量之间呈线性关系，即 $y=f(x)$。这样就可得到线性刻度方程。图 8-2 中校正电路可以是模拟的，也可以是数字的，但它们均属硬件校正，因此其电路复杂、成本较高，并且有些校正难以实现。

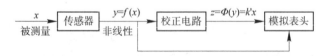

图 8-2 传统仪表中的硬件非线性校正原理

在以微处理器为基础构成的智能传感器中，可采用各种非线性校正算法（查表法、线性插值法、曲线拟合法等）从传感器数据采集系统输出的与被测量呈非线性关系的数字量中提取与之相对应的被测量，然后由 CPU 控制显示器接口以数字方式显示被测量，如图 8-3 所示；图 8-3 中所采用的各种非线性校正算法均由传感器中的微处理器通过执行相应的软件来完成，显然要比采用硬件技术方便并且具有较高的精度和广泛的适应性。

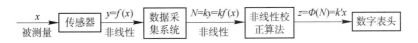

$x$ 被测量 → 传感器 $y=f(x)$ 非线性 → 数据采集系统 $N=ky=kf(x)$ 非线性 → 非线性校正算法 $z=\Phi(N)=k'x$ → 数字表头

图 8 – 3 智能仪表的非线性校正技术

1) 查表法

如果某些参数计算非常复杂，特别是计算公式涉及指数、对数、三角函数和微分、积分等运算时，编制程序相当麻烦，用计算法计算不仅程序冗长，而且费时，此时可采用查表法。

这种方法就是把测量范围内参量变化分成若干等分点，然后由小到大顺序计算或测量出这些等分点相对应的输出数值，这些等分点和对应的输出数据组成一张表格，把这张表格存放在计算机的存储器中。软件处理方法是在程序中编制一段查表程序，当被测参量经采样等转换后，通过查表程序直接从表中查出其对应的输出量数值。

实际测量时，输入参量往往并不正好与表格中数据相等，一般介于某两个表格数据之间，若不做插值计算，仍然按其最相近的两个数据所对应的输出数值作为结果，必然有较大的误差。所以查表法大都用于测量范围比较窄、对应输出量间距比较小的列表数据，例如测室温用的数字温度计等。不过，此法也常用于测量范围大但对精度要求不高的情况下。应该指出，这是一种常用的基本方法。查表法所获得数据线性度除与 A/D（或 F/D）转换器的位数有很大关系之外，还与表格数据多少有关。位数多和数据多则线性度好，但转换位数多则价格贵；数据多则要占据相当大的存储容量。因此，工程上常采用插值法代替单纯的查表法，以减少标定点，对标定点之间的数据采用各种插值计算，以减小误差，提高精度。

2) 插值法

图 8 – 4 所示为某传感器的输入 – 输出特性，$x$ 为被测参量，$y$ 为输出电量，它们是非线性关系，设 $y=f(x)$。把图 8 – 4 中输入 $x$ 分成 $n$ 个均匀的区间，每个区间的端点 $x$ 都对应一个输出 $y$，把这些 $x$，$y$ 编制成表格存储起来。实际的测量值 $x_i$ 一定会落在某个区间（$x_k$，$x_{k+1}$）内，即 $x_k < x_i < x_{k+1}$。插值法就是用一段简单的曲线，近似代替这段区间里的实际曲线，然后通过近似曲线公式，计算出输出量 $y$。使用不同的近似曲线，就形成不同的插值方法。传感器线性化中常用的插值方法有线性插值、抛物线插值。

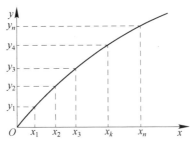

图 8 – 4 某传感器的输入 – 输出特性

## 2. 噪声抑制技术

获取的信号中常常夹杂着噪声及各种干扰信号。智能传感器系统不仅具备获取信息的功能，还具有信息处理功能，以便从噪声中自动准确地提取表征被测对象特征的定量有用信

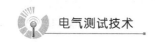

息。如果信号的频谱和噪声的频谱不重合，则可用滤波器消除噪声；当信号和噪声带重合或噪声的幅值比信号大时就需要采用其他的噪声抑制方法，如相关技术、平术等来消除噪声。

当信号和噪声频谱不重合时，采用滤波器可以使有用信号的频率成分通过，阻止信号频率分量以外的噪声频率分量，这样，滤波器的输出信号就为除去了噪声的有用信号。滤波器分为由硬件实现的连续时间系统模拟滤波器和由软件实现的离散时间系统数字滤波器。比较起来，后者实时性较差，但稳定性和重复性好，调整方便灵活，能在模拟滤波器不能实现的频带下进行滤波，故得到越来越广泛的应用。尤其是在智能传感器系统中，数字滤波器是主要的滤波手段。

### 3. 自补偿、自检验及自诊断

智能传感器系统通过自补偿技术可以改善其动态特性，在不能进行完善的实时自校准的情况下，可以采用补偿法消除因工作条件、环境参数发生变化后引起系统特性的漂移，如零点漂移、灵敏度漂移等。同时，智能传感器系统能够根据工作条件的变化，自动选择改换量程，定期进行自检验、自寻故障、自行诊断等多项措施保证系统可靠地工作。

1）自补偿

温度是传感器系统最主要的干扰量。在典型的传感器系统中主要采用结构对称来消除其影响；在智能传感器的初级形式中主要采用以硬件电路实现的"拼凑"补偿技术，但补偿效果不能满足实际测量的要求。在传感器与微处理器/微计算机相结合的智能传感器系统中，可采用监测补偿法，它是通过对干扰量的监测由软件来实现补偿的，如压阻传感器的零点及灵敏度温漂的补偿。

2）自检验

自检验是智能传感器自动开始或人为触发开始执行的自我检验过程，它能对系统出现的软硬件故障进行自动检测，并给出相应指示，从而大大提高了系统可靠性。

自检验通常有三种方式：

（1）开机自检。每当电源接通或总清复位之后，都要进行一次开机自检，在以后的测控工作中不再进行。这种自检一般用于检查显示装置、ROM、PAM和总线，有时也用于对插件进行检查。

（2）周期性自检。若仅在开机时进行一次性的自检，而自检项目又不能包括系统的所有关键部位，那就难以保证运行过程中智能传感器始终处于最优工作状态。因此，大部分智能传感器都在运行过程中周期性地插入自检操作，称作周期性自检。在这种自检中，若自检项目较多，一般应把检查程序编号，并设置标志和建立自检程序指针表，以此寻找子程序入口。周期性自检完全是自动的，在测控的间歇期间进行，不干扰传感器的正常工作。除非检查到故障，周期性自检并不为操作者所觉察。

（3）键控自检。键控自检是需要人工干预的检测手段。对那些不能在正常运行操作中进行的自检项目，可通过操作面板上的"自检按键"，由操作人员干预，启动自检程序。例如对智能传感器插件板上接口电路工作正常与否的自检，往往通过附加一些辅助电路，并采用键控方式进行。该种自检方式简单方便，人们不难在测控过程中找到一个适当的机会执行自检操作，且不干扰系统的正常工作。

智能传感器内部的微处理器，具有强大的逻辑判断能力和运行功能，通过技术人员灵活的编程，可以方便地实现各种自检项目。

3）自诊断

早期的传感器故障诊断主要采用硬件冗余的方法（hardware redundancy）。硬件冗余方法是对容易失效的传感器设置一定的备份，然后通过表决器方法进行管理。硬件冗余方法的优点是不需要被测对象的数学模型，而且鲁棒性非常强。其缺点是设备复杂，体积和质量都很大，而且成本较高。

由于计算机的普及和计算机技术的广泛作用，使得建立更加简单、便宜且有效的传感器故障诊断体系成为可能。众所周知，在同一对象上测量不同的量时，测量结果之间通常存在着一定的关联。也就是说，各个测量对被测对象的状态都有影响。这些量是由系统的动态特性所表征的系统固有特性决定的。于是可以建立一个适当的数学模型来表示系统的动态性，通过比较模型输出同实际系统输出之间的差异来判断是否发生传感器故障。这种方法称为解析冗余方法（Analytical redundancy method）或模型方法。传感器故障诊断的解析冗余方法原理框图如图 8 − 5 所示。

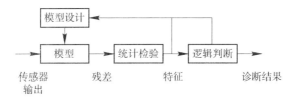

图 8 − 5　传感器故障诊断的解析冗余方法原理框图

解析冗余方法的大致步骤如下：

（1）模型设计。根据被控对象的特征、传感器的类型、故障类型以及系统的要求等，建立相应的被控对象的数学模型。

（2）设计与传感器故障相关的残差。在相同的控制量作用下，传感器输出信号和模型之差，称为残差。在没有传感器故障时，残差为零。当传感器有故障时，残差不再为零，即残差中包含了传感器故障信号。

（3）进行统计检验和逻辑分析。用统计检验和逻辑分析方法可以诊断某些类型的传感器故障。

## 8.1.2　智能传感器的体系结构

### 1. 非集成化结构

非集成化智能传感器是将传统的经典传感器（采用非集成化工艺制作的传感器，仅具有获取信号的功能）、信号调理电路、带数字总线接口的微处理器组合为一整体而构成的一个智能传感器。

信号调理电路用来调理传感器的输出信号，即将传感器输出信号进行处理并转换为数字信号后送入微处理器，再由微处理器通过数字总线接口接在现场数字总线上。例如美国罗斯蒙特公司、SMAR 公司生产的电容式智能压力（差）变送器系列产品，就是在原有传统式非集成化电容式变送器基础之上附加一块带数字总线接口的微处理器插板后组装而成。同时，

开发配备可进行通信、控制、自校正、自补偿、自诊断等智能化软件，从而形成的智能传感器。

## 2. 集成化结构

这种智能传感器系统是采用微机械加工技术和大规模集成电路工艺技术，利用硅作为基本材料制作敏感元件、信号调理电路、微处理器单元，并把它们集成在一块芯片上而构成，故又可称为集成智能传感器（Integrated Smart/Intelligent Sensor）。

随着微电子技术的飞速发展、微米/纳米技术的问世，大规模集成电路工艺技术日臻完善，集成电路器件的密集度越来越高，已成功使各种数字电路芯片、模拟电路芯片、微处理器芯片、存储器电路芯片的价格性能比大幅下降。反过来，它又促进了微机械加工技术的发展，形成了与传统的经典传感器制作工艺完全不同的现代传感器技术。

现代传感器技术是指以硅材料为基础，采用微米级的微机械加工技术和大规模集成电工艺来实现各种仪表传感器系统的微米级尺寸化，国外也称它为专用集成微型传感技术（ASIM）。由此制作的智能传感器具有以下特点：

（1）微型化。微型压力传感器已经可以小到放在注射针头内送进血管，测量血液流动情况，或安装在飞机发动机叶片表面，测量气体的流速和压力。美国最近研制成功的微型加速度计可以使火箭或飞船的制导系统质量从几千克下降至几克。

（2）结构一体化。压阻式压力（差）传感器最早实现一体化结构。传统的作法是先分别宏观机械加工金属圆膜片与圆柱状环，然后把二者粘贴形成周边固支结构的"金属杯"，在圆膜片上粘贴应变片而构成压力（差）传感器。因此，不可避免地存在蠕变、迟滞、非线性特性。采用微机械加工和集成化工艺，不仅"硅杯"一次整体成型，而且应变片与硅杯完全一体化，进而可在硅杯非受力区制作调理电路、微处理器单元，甚至微执行器，从而实现不同程度的，乃至整个系统的一体化。

（3）精度高。比起分体结构，结构一体化后传感器迟滞、重复性指标将大为改善，时间漂移极大减小，精度提高。后续的信号调理电路与敏感元件一体化后可以显著减小由引线长度带来的寄生变量影响，这对电容式传感器更有重要的意义。

（4）多功能。微米级敏感元件结构的实现特别有利于在同一硅片上制作不同功能的多个传感器，如美国霍尼韦尔公司20世纪80年代初生产的ST3000型智能压力（差）和温度变送器，就是在一块硅片上制作感受压力、压差及温度三个参量的敏感元件结构的传感器，不仅增加了传感器功能，而且可以通过采用数据融合技术消除交叉灵敏度的影响，提高传感器的稳定性和精度。

（5）阵列式。微米技术已经可以在 $1~cm^2$ 大小的硅芯片上制作含有几千个压力传感器的阵列。例如，日本丰田中央研究所半导体研究室用微机械加工技术制作的集成化应变计式面阵触觉传感器，在 8 mm×8 mm 的硅片上制作了 1 024 个敏感触点（桥），基片四周还制作了信号处理电路，其元件总数约 16 000 个。

敏感元件构成阵列后，配合相应图像处理软件，可以实现图形成像，构成多维图像传感器。敏感元件组成阵列后，通过计算机或微处理器解耦运算、模式识别、神经网络技术的应用，有利于消除传感器的时变误差和交叉灵敏度的不利影响，提高传感器的可靠性、稳定性与分辨力。

（6）全数字化。通过微机械加工技术可以制作各种形式的微结构。其固有谐振频率可以设计成某种物理量（如温度或压力）的单值函数。因此，可以通过检测谐振频率来检测被测物理量。这是一种谐振式传感器，直接输出数字量（频率）。它的性能极为稳定、精度高、不需 A/D 转换器便能与微处理器方便地接口，免去了 A/D 转换器，对节省芯片面积、简化集成化工艺十分有利。

（7）使用方便，操作简单。没有外部连接元件，外接连线数量极少，包括电源、通信线可以少至 4 条，因此，接线极其简便。它还可以自动进行整体自校准，无须用户长时间地反复多环节调节与校验。"智能"含量越高的智能传感器，它的操作使用越简便，用户只需编制简单的使用主程序。

从以上特点可以看出，通过集成化实现的智能传感器，为达到高自适应性、高精度、高可靠性与高稳定性，其发展主要有以下两种趋势：其一是多功能化与阵列化，加上强大的软件信息处理功能；其二是发展谐振式传感器，加上软件信息处理功能。

例如，压阻式压差传感器是采用微机械加工技术最先实用化的集成传感器，但是它受阻温度与静压影响，总精度只能达到 0.1%。温度性能改善方面的研究长时间无重大进展，因此，有的厂家改为研制谐振式压力传感器，而美国霍尼韦尔公司发展多功能敏感元件，通过软件进行多信息数据融合处理以改善稳定性，提高精度。

### 3. 混合实现

将系统各个集成化环节，如敏感单元、信号调理电路、微处理器单元、数字总线接口以不同的组合方式集成在两块或三块芯片上，并装在一个外壳里，如图 8-6 所示。

集成化敏感单元包括弹性敏感元件及变换器。信号调理电路包括多路开关、放大器、基准、模/数转换器等。

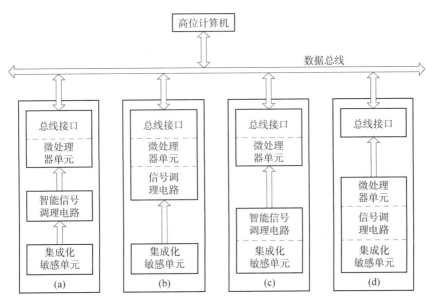

图 8-6 智能传感器的混合集成实现结构图

微处理器单元包括数字存储器（EEPROM、ROM、RAM），I/O 接口，微处理器，数/模转换器（DAC）等。图 8-6（a）中，三块集成化芯片封装在一个外壳里；图 8-6（b）、

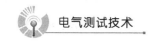

（c）、（d）中，两块集成化芯片封装在一个外壳里。

图 8 - 6（a）、（c）中的智能信号调理电路，具有部分智能化功能，如自校零、自动进行温度补偿，这是因为这种电路带有零点校正电路和温度补偿电路才获得了这种简单的智能化功能。

## 8.1.3　智能传感器的应用

### 1. ST - 3000 系列智能压力传感器

图 8 - 7 所示为 ST - 3000 系列智能压力传感器原理，它由检测和变送两部分组成。被测压力通过隔离的膜片作用于扩散电阻上，引起阻值变化。扩散电阻接在惠斯通电桥中，电桥的输出正比于被测压力。在硅片上制成两个辅助传感器，分别检测静压力和温度。由于采用接近于理想弹性体的单晶硅材料，传感器的长期稳定性很好。在同一个芯片上检测的差压、静压和温度三个信号，经多路开关分时地接到 A/D 转换器中进行 A/D 转换，数字量送到变送部分。

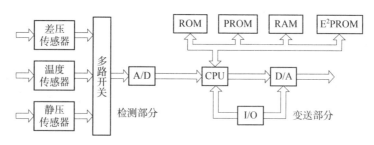

图 8 - 7　ST - 3000 系列智能压力传感器原理

变送部分由微处理器、ROM、PROM、RAM、$E^2$PROM、D/A 转换器、I/O 接口组成。微处理器负责处理 A/D 转换器送来的数字信号，从而使传感器的性能指标大大提高。存储在 ROM 中的主程序控制传感器工作的全过程。传感器的型号、输入 - 输出特性、量程可设定范围等都存储在 PROM 中，设定的数据通过导线传到传感器内，存储在 RAM 中。电可擦写存储器 $E^2$PROM 作为 RAM 后备存储器，RAM 中的数据可随时存入 $E^2$PROM 中，不会因突然断电而丢失数据。恢复供电后 $E^2$PROM 可以自动地将数据送到 RAM 中，使传感器继续保持原来的工作状态，这样可以省去备用电源。

现场通信器发出的通信脉冲信号叠加在传感器输出的电流信号上。数字输入/输出（I/O）接口一方面将来自现场通信器的脉冲从信号中分离出来，送到 CPU；另一方面将设定的传感器数据、自诊断结果、测量结果等送到现场通信器中显示。

### 2. 固体图像传感器

图像是通过视觉感受到的一种信息，是人类获取信息的一个重要方面。图像传感器作为视觉信号获取的基本器件，在现代社会生活中得到了广泛的应用。因为图像是由空间变化光强信息所组成的，所以图像探测器必须能感受到空间不同位置的光强变化，即成像。成像方式大体上可分为扫描成像和非扫描成像。扫描成像包括电子束扫描成像（如光导摄像管）、光机扫描成像（如热像仪）、固体自扫描成像（如CCD摄像机）等。非扫描成像包括照相机、电影摄影机以及变像管等。

固体图像传感器（SSIS）主要分为三种类型：第一种是电荷耦合器件（CCD）；第二种是MOS图像传感器，又称自扫描光电二极管阵列（SSPD）；第三种是电荷注入器件（CID）。同电子束摄像管比较，固体图像传感器有以下显著优点：

（1）全固体化、体积小、质量轻、工作电压和功耗低；耐冲击性好、可靠性高、寿命长。

（2）基本不保留残像（电子束摄像管有15%～20%的残像）；无像元烧伤、扭曲，不受电磁干扰。

（3）红外敏感性。SSPD光谱响应为0.25～1.1mm；CCD可做成红外敏感型；CID主要用于3～5m的红外敏感器件。

（4）像元的几何位置精度高（优于1m），因而可以用于非接触精密尺寸测量系统。

（5）视频信号与微机接口容易。

由于传感器智能化和集成化的要求，使得固体图像传感器有三维集成的发展趋势。比如在同一硅片上，用超大规模集成电路工艺制作三维结构的智能传感器。图8-8所示为这种三维结构智能化传感器的一种形式。

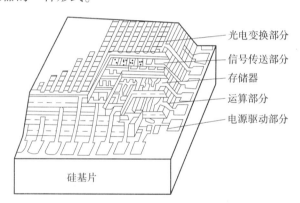

图8-8　三维结构集成的智能传感器

图8-9所示为具有三层结构的三维集成智能图像传感器的结构。它用以提取待测物体的轮廓图，它的第一层为光电转换面阵，由第一层输出的信号并行进入第二层电流型MOS模拟信号调理电路，输出的模拟信号再进入第三层转换成二进制数并存储在存储器中，与第三层相连的是信号读出（放大）单元，信号读出单元的作用是通过地址译码读取存储器中的信号信息。该传感器采用了新颖的并行信号传送及处理技术，第一层到第二层以及第二层到第三层均采用并行信号传送，这样就大大提高了信号处理能力，可以实现高速的图像信息处理。当然，这种信号并行传送要求第二层和第三层电路也排成相应的面阵形式。该图像传感器的面阵为$500 \times 500$的像元矩阵，每个像元相应的电路需要79个晶体管，故整个图像传感器大约包含$2 \times 10^{7}$个晶体管。

图8-10所示为由多个智能图像传感器组成的图像识别系统。这个系统由光学透镜系统、多个智能图像传感器和一个主计算机组成。其中光学透镜系统生成平行光，给图像传感器提供物体的图像输入，每个智能图像传感器从输入的图像信息中提取不同的特征量，如轮廓、质地、形状、尺寸等。所有智能图像传感器所得到的图像特征信息将会同时送入主计算

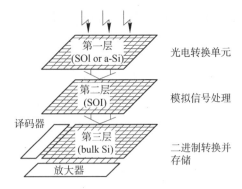

图 8-9　三层结构的三维集成智能图像传感器的结构

机进行处理，最终达到对图像进行识别的目的。由于每个传感器均能快速地提取图像特征信息，因此可望实现快速的图像识别。

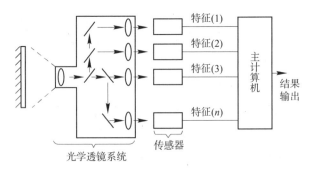

图 8-10　多个智能图像传感器组成的图像识别系统

# 8.2　网络传感器

## 8.2.1　网络传感器的概念及特点

网络传感器是指传感器在现场实现网络协议，使现场测控数据就近进入网络，在网络所能及的范围内实时发布和共享。具体地说，网络传感器就是采用标准的网络协议，同时采用模块化将传感器和网络技术有机地结合在一起的智能传感器。它是测控网中的一个独立节点，网络传感器的基本结构如图 8-11 所示。其敏感单元输出的模拟信号经 A/D 转换及数据处理后，能由网络处理装置根据程序的设定和网络协议封装成数据帧，并加上目的地址，通过网络接口传输到网络上。反之，网络处理器又能接收网络上其他节点传给自己的数据和命令，实现对本节点的操作。

网络传感器是以嵌入式微处理器为核心，集成了传感单元、信号处理单元和网络接口单元的新一代传感器。与其他类型传感器相比，该传感器有如下特点：

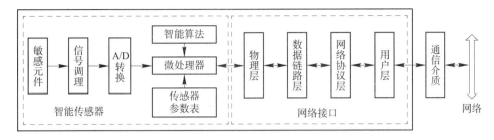

图 8 - 11  网络传感器的基本结构

（1）智能传感器将原来分散的、各自独立的、仅能敏感单一参量的传感器集成为具有多功能且能同时测量多种参量的传感器。

（2）处理器的引入使传感器成为硬件和软件的结合体，能根据输入信号值进行一定程度的判断和制定决策，实现自校正和自保护功能。非线性补偿、零点漂移和温度补偿等软件技术的应用，则使传感器具有很高的线性度和测量精度。同时，大量信息在进入网络前进行处理还减少了现场设备与主控站之间的信息传输量，使系统的可靠性和实时性得以提高。

（3）网络接口技术的应用使传感器可以方便地接入网络，为系统的扩充和维护提供了极大的方便。同时，传感器可就近接入网络，改变了传统传感器与特定测控设备间的点到点连接方式，从而显著减少现场布线的复杂程度。

由此可看出，网络传感器使传感器由单一功能、单一检测向多功能和多点检测发展，从被动检测向主动进行信息处理方向发展，从就地测量向远距离实时在线测控发展。因此，网络传感器代表了传感器技术的发展方向。

## 8.2.2  网络传感器的类型

网络传感器研究的关键技术是网络接口技术。网络传感器必须符合某种网络协议，使现场测控数据能直接进入网络。由于工业现场存在多种网络标准，因此也随之发展起来了多种网络传感器，具有各自不同的网络接口单元类型。目前，主要有现场总线的网络传感器和TCP/IP 的网络传感器两大类。

### 1. 现场总线网络传感器

现场总线技术的推出，将智能传感器的通信技术提升到一个新的阶段。现场总线是在现场仪表智能化和全数字控制系统的需求下产生的，是连接智能现场设备和自动化系统的数字式、双向传输、多分支结构的通信网。其关键标志是支持全数字通信取代了 4～20 mA 模拟信号传输，主要特点是可靠性高。它可以把所有的现场设备（仪表、传感器与执行器）与控制器通过一根线缆相连，形成现场设备级、车间级的数字化通信网络，可完成现场状态监测、控制、远传等功能，使传感器通信技术进入局域网阶段。

由于现场总线技术具有明显的优越性，在国际上已成为热门研究开发技术。各大公司都开发出自己的现场总线产品，形成了各自的标准。目前，常见的标准有数十种，它们各具特色，在各自不同的领域得到了很好的应用。但由于多种现场总线标准并存，现场总线标准互不兼容，不同厂家的智能传感器又都采用各自的总线标准，以模拟信号为主或在模拟信号上叠加数字信号，因此目前智能传感器和控制系统之间的通信主要以模拟信号为主或在模拟信

号上叠加数字信号，很大程度上降低了通信速度，严重影响了现场总线式智能传感器的应用。为了解决这一问题，IEEE 制定了一个简化控制网络和智能传感器连接标准的 IEEE1451 标准，该标准为智能传感器和现有的各种现场总线提供了通用的接口标准，有利于现场总线式网络传感器的发展与应用。

### 2. TCP/IP 网络传感器

随着计算机网络技术的快速发展，将以太网直接引入测控现场成为新的趋势。以太网技术由于具有开放性好、通信速度高和价格低廉等优势已得到广泛应用。人们开始研究基于 TCP/IP 的网络传感器。基于 TCP/IP 的网络传感器通过网络介质可以直接接入 Internet 或 Intranet，还可以做到"即插即用"。在传感器中嵌入 TCP/IP，使其与普通计算机一样成为网络中的独立节点，并具有网络节点的组态性和可操作性。这样信息就能跨越网络所覆盖的任何区域，进行远程在线测试，使传统测控系统的信息采集、数据处理等方式产生质的飞跃，各种现场数据可以直接在网络上传输、发布和共享。这也使测控系统本身发生了质的飞跃，可对网络上任何测控系统节点中的现场传感器进行在线编程和组态，使测控系统的结构和功能产生了重大变革。同时，通过研制特定的嵌入式 TCP/IP 软件，可使得测控网与信息网融为一体。由于采用统一的网络协议，不同厂家的产品可以互换与兼容。

## 8.2.3 基于 IEEE1451 标准的网络传感器

构造一种通用智能化传感器的接口标准是解决传感器与各种网络相连的主要途径。从 1994 年 3 月开始，美国国家标准技术局（National Institute of Standard and Technology，NIST）和 IEEE 联合组织了一系列专题讨论会商讨智能传感器通用通信接口问题和相关标准的制定，这就是 IEEE1451 的智能变送器接口标准（Standard for a Smart Transducer Interface for Sensors and Actuators）。其主要目标是定义一整套通用的通信接口，使变送器能够独立于网络与现有基于微处理器的系统、仪表仪表和现场总线网络相连，并最终实现变送器到网络的互换性与互操作性。现有的网络传感器配备了 IEEE1451 标准接口系统，也称为 IEEE1451 传感器。

### 1. IEEE1451 标准简介

IEEE1451 标准协议簇体系结构和各协议之间的关系如图 8 - 12 所示。IEEE1451 标准分为面向软件和硬件的接口两大部分。其中，软件接口部分借助面向对象模型来描述网络智能变送器的行为，定义了一套使智能变送器顺利接入不同测控网络的软件接口规范；同时通过定义通用的功能、通信协议及电子数据表格式，以达到加强 IEEE1451 协议簇系列标准之间的互操作性，软件接口部分主要由 IEEE1451.1 和 IEEE1451.0 组成。硬件接口部分主要是针对智能传感器的具体应用而提出的，硬件接口部分由 IEEE1451.X（X 代表27）协议组成。

IEEE1451.0 标准通过定义一个包含基本命令设置和通信协议、独立于网络适配器（NCAP）到变送器模块接口的物理层，为不同的物理接口提供通用、简单的标准。

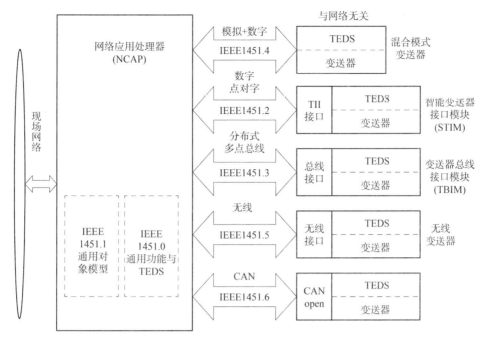

图 8 - 12　IEEE1451 标准协议簇体系结构图

IEEE1451.1 标准通过定义两个软件接口实现智能传感器或执行器与多种网络的连接，以实现具有互换性的应用。

IEEE1451.2 标准定义了电子数据表格式（TEDS）和一个 10 线变送器独立接口（TII）以及变送器与微处理器间通信协议，使变送器具有即插即用能力。

IEEE1451.3 标准利用局部频谱技术，在局部总线上实现通信，对连接在局部总线上的变送器进行数据同步采集和供电。

IEEE1451.4 标准定义了一种机制，用于将自识别技术运用到传统的模拟传感器和执行器中。它既有模拟信号传输模式，又有数字通信模式。

IEEE1451.5 标准定义了无线传感器通信协议和相应的 TEDS，目的是在现有的 IEEE1451 框架下，构筑一个开放的标准无线传感器接口。无线通信方式将采用三种标准，即 WiFi 标准、蓝牙（Bluetooth）标准和 ZtgBee（IEEE.802.15.4）标准。

IEEE1451.6 标准致力于建立 CANopen 协议网络上的多通道变送器模型，使 IEEE1451 标准的 TEDS 和 CANopen 对象字典（Object Dictionary）、通信消息、数据处理、参诊断信息一一对应，在 CAN 总线上使用 IEEE1451 标准变送器。

IEEE1451.7 标准定义带射频标签（REID）的换能器和系统的接口。

需要注意的是，IEEE1451.X 产品可以工作在一起，构成网络化智能传感器系统，但也可以各个 IEEE1451.X 单独使用；IEEE14SI.1 标准可以独立于其他 IEEE1451.X 硬件接口标准而单独使用；IEEE1451.X 也可不需要 IEEE1451.1 而单独使用，但是必须要有一个相似 IEEE1451.1 所具有的软件结构来实现 IEEE1451.1 的功能。

## 2. 基于 IEEE1451.2 标准的网络传感器

（1）IEEE1451.2 网络传感器模型及其特点。IEEE1451.2 网络传感器模型如图 8 - 13

所示。

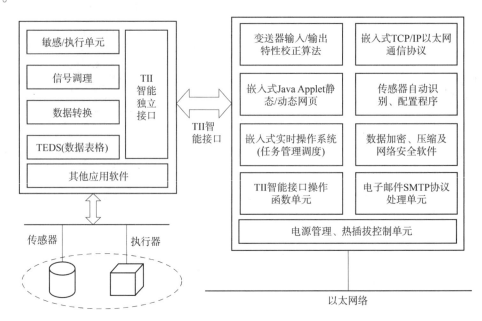

图 8 - 13　IEEE1451.2 网络化传感器模型

传感器节点分成两大模块：以太网络应用处理器模块（NCAP）和智能变送器接口模块（STIM）。NCAP 用来运行经精简的 TCP/IP 协议栈、嵌入式 Web 服务器、数据校正补偿引擎、TII 总线操作软件、用户特定的网络应用服务程序以及用来管理软硬件资源的嵌入式操作系统。STIM 包括实现功能的变送器、数字化处理单元、TEDS 和 TII 总线操作软件。

IEEE1451.2 网络传感器接口标准的特点可概括如下：

①IEEE1451.2 是一个开放、与网络无关的通信接口，用于将智能传感器直接连接到计算机、仪表系统和其他网络。

②传感器制造商和系统集成商没有必要对很多复杂的现场总线协议进行研究，就能完成各种现场总线测控系统的集成。

③加速了智能传感器采用有线或无线的手段连入测控网络系统，建立了智能传感器的"即插即用"标准。

④使传感器支持 TEDS，包含足够的描述信息，增强了传感器的"智能"。

⑤定义了传感器模型，包括传感器接口模块（TIM）、网络应用处理器（NCAP）。

（2）基于 IEEE1451.2 标准的有线网络传感器。IEEE1451.2 标准中仅定义了接口逻辑和 TEDS 的格式，其他部分由传感器制造商自主实现，以保持各自在性能、质量、特性与价格等方面的竞争力。同时，该标准提供了一个连接智能变送器接口模型（Smart Transducer Interface Module，STIM）和 NCAP 的 10 线的标准接口——TII，主要定义两者之间的点 - 点连接、同步时钟的短距离接口，使传感器制造商可以把一个传感器应用到多种网络和应用中。图 8 - 14 所示为基于 IEEE1451 标准的有线网络化传感器的典型体系结构图。

其中，变送器模型由符合标准的变送器自身带有的制造商、数据代码、序列号、使用的极限值、未定量以及校准系数等内部信息组成。当 STIM 通电时，这些数据可提供给 NCAP 及系统的其他部分。当 NCAP 读入一个 STIM 中的 TEDS 数据时，NCAP 可以知道此 STIM 的

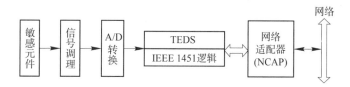

图 8 - 14 基于 IEEE1451 标准的有线网络化传感器的典型体系结构图

通信速率、通道数及每个通道上变送器的数据格式（12 位还是 16 位），并且知道所测量对象的物理单位，知道怎样将所得到的原始数据转换为国际标准。

（3）基于 IEEE1451.2 标准的无线网络传感器。无线通信方式主要采用 IEEEE802.11、蓝牙和 ZigBee 三种标准。

蓝牙标准是在 1998 年 5 月由 Ericsson、IBM、Intel、Nokia 和 Toshiba 等公司联合推广的低功率短距离的无线连接标准的代称。它是实现语音和数据无线传输的开放性规范，其实质是建立通用的无线空中接口及其控制软件的公开标准，使不同厂家生产的设备在没有电线或电缆互相连接的情况下，能在近距离（10 cm ~ 100 m）范围内具有互用、互操作的性能。此外，蓝牙技术还具有以下特点：工作频段全球通用、使用方便、安全加密、抗干扰能力强、兼容性好、尺寸小、功耗低以及多路方向连接。

图 8 - 15 所示为基于 IEEE1451.2 和蓝牙标准的无线网络传感器体系结构，其主要是由 STIM、蓝牙模块和 NCAP 三个部分组成的。在 STIM 和蓝牙模块之间是 IEEE1451.2 标准定义的 10 线 TII 接口。蓝牙模块通过 TII 接口与 STIM 相连，通过 NCAP 与 Internet 相连，承担了传感器信息和远程控制命令的发送和接收任务。NCAP 通过分配的 IP 地址与网络相连。

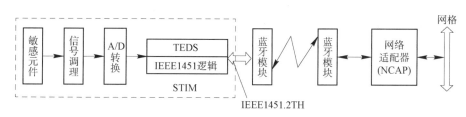

图 8 - 15 基于 IEEE1451.2 和蓝牙标准的无线网络传感器体系结构

与基于 IEEE1451.2 标准的有线网络传感器相比，无线网络传感器增加了两个蓝牙模块。对于蓝牙模块部分，标准的蓝牙电路使用 RS - 232 或 USB 接口，而 TII 是将一个控制链连接到它的 STIM 的串行接口。因此，必须设计一个类似于 TII 接口的蓝牙电路，构造一个专门的处理器来实现控制 STIM 和转换数据到用户控制接口（Host Control Interface，HCI）的功能。

目前，基于 ZigBee 技术的无线网络传感器的研究和开发已得到越来越多的关注。ZigBee（IEEE802.15.4）标准是 2000 年 12 月由 IEEE 提出定义的一种廉价的固定、便携或移动设备使用的无线连接标准。它具有高通信效率、低复杂度、低功耗、低成本、高安全性以及全数字化等优点。

由于 IEEEE802.15.4 满足 ISO 开放系统互连（OSI）参考模式。为有效地实现无线智能传感器，通常将 IEEE1451 标准和 ZigBee 标准结合起来进行设计，其基本方案有无线 STIM 和无线 NCAP 终端两种。其中，方案一：STIM 与 NCAP 之间不再是 TII 接口，而是通过 ZigBee（收发模块）无线传输信息。传感器或执行器的信息由 STIM 通过无线网络传递到

NCAP 终端，进而与有线网络相连。另外，还可将 NCAP 与网络间的接口替换为无线接口。方案二：STIM 与 NCAP 之间通过 TII 接口相连，无线网络的收发模块置于 NCAP 上。另一无线收发模块与无线网络相连，从而与有线网络通信。在此方案中，NCAP 作为一个传感器网络终端。因为功耗的原因，无线通信模块不直接包含在 STIM 中，而是将 NCAP 和 STIM 集成在一个芯片或模块中。在这种情况下，NCAP 和 STIM 之间的 TII 接口可以大大简化。

## 8.2.4 网络传感器测控系统的体系结构

IEEE1451 的颁布为有效简化开发符合各种标准的网络传感器带来了契机，而且随着无线通信技术在网络传感器中的应用，无线网络传感器将使人们的生活变得更精彩、更富有活力。图 8-16 所示为利用网络传感器进行网络化测控的基本系统结构图。其中，测量服务器主要对各测量基本功能单元的任务分配和对基本功能单元采集来的数据进行计算，进行数据处理与综合以及数据存储、打印等。测量浏览器为 Web 浏览器或别的软件接口，可以浏览现场测量节点测量、分析、处理的信息和测量服务器收集、产生的信息。

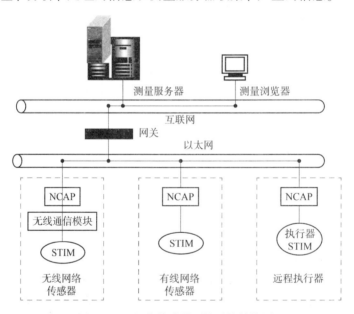

图 8-16 网络传感器测控系统结构图

在系统中，传感器不仅可以与测量服务器进行信息交换，而且符合 IEEE1451 标准的传感器、执行器之间相互进行信息交换，以减少网络中传输的信息量，这有利于系统实时性的升级。

目前，测控系统的设计明显受到计算机网络技术的影响，基于网络化、模块化、开放性等原则，测控网络由传统的集中模式转变为分布模式，成为具有开放性、可互操作性、分散性、网络化、智能化的测控系统。测控网络具有与信息网络相似的体系结构和通信模型。TCP/IP 和 Internet 网络成为组建测控网络，实现网络化的信息采集、信息发布、系统集成的基本技术依据。

## 8.2.5 网络传感器的应用前景

IEEE1451 网络传感器在机床状态远程监控网、舰艇运行状态监视、控制和维修的分布网、火灾及消防态势评估和指挥网络、港口集装箱状态的监控网络以及油路管线健康状况监控网络的组建中均可大展身手。目前,网络传感器的应用主要面向以下两个大方向:

### 1. 分布式测控

将网络传感器布置在测控现场,处于控制网络中的最低级,其采集到的信息传输到控制网络中的分布式智能节点,由它处理,然后传感器数据散发到网络中。网络中其他节点利用信息做出适当的决策,如操作执行器、执行算法。该方向目前最热门的研究与应用当属物联网。

### 2. 嵌入式网络

现有的嵌入式系统虽然已得到广泛的应用,但是大多数还处在单独应用的阶段,独立于因特网之外。如果能够将嵌入式系统连接到因特网上,则可方便、低廉地将信息传送到任何需要的地方。嵌入式网络的主要优点:不需要专用的通信线路;速度快;协议是公开的,适用于任何一种 Web 浏览器;信息反映的形式是多样化的等。

网络技术正在深入到世界的各个角落并迅速地改变着人们的思维方式和生存状态。随着网络传感器技术的进一步成熟和应用覆盖范围的拓展,网络传感器必将赢得更广阔的用武之地,为建立人与物理环境更紧密的信息联系提供强大的技术支持,不断改善人们的工作和生活环境。

## 习 题

**简答题**

1. 什么是微传感器?微传感器有何特点?
2. 什么是智能传感器?智能传感器有何特点?
3. 智能传感器如何实现?如何设计智能传感器?
4. 什么是模糊传感器?模糊传感器的一般结构是什么?
5. 什么是微机电系统?
6. 微机电系统的基本结构是什么?
7. 简要介绍主要的 MEMS 制造技术。
8. 什么是网络传感器?
9. 网络传感器的基本结构是什么?
10. 网络传感器的主要发展方向是什么?

# 第9章

<<<<<<

# 电气测量抗干扰技术

**本章重点**

　　本章通过介绍常见干扰源分析、常用的抑制干扰技术、常用的抑制干扰的措施、电磁兼容电气测试抗干扰技术的应用等内容，使读者对电气测量抗干扰技术有一个系统了解。

## 9.1　常见干扰源分析

### 9.1.1　干扰的定义、类型及来源

　　测量过程中，除待测信号外，各种不可见的、随机的信号可能出现在测量系统中，如图 9 - 1 所示。这些信号与有用信号叠加在一起，严重扭曲测量结果。

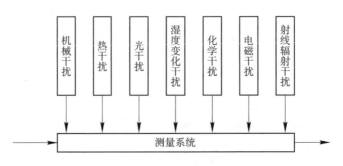

图 9 - 1　干扰源的分类

### 1. 机械干扰

机械干扰是由于机械振动或冲击，使检测装置中的元件发生振动、变形，使连接线发生位移，使指针发生抖动。声波的干扰类似于机械振动，从效果上看，也可以列入这一类。抗机械干扰主要采用减振措施，如减振弹簧、减振橡皮垫等。

### 2. 热干扰

工作时，检测系统产生的热量所引起温度波动和环境温度的变化等，引起检测电路元器件参数发生变化或产生附加的热电动势等。

抗热干扰主要采用以下措施：

（1）采用热屏蔽，如将关键元器件用导热良好的金属屏蔽罩包围起来。

（2）采用恒温措施，如将基准稳压管（与精度密切相关的器件）置于恒温槽中。

（3）电路采用对称平衡结构，如差动放大电路、桥式电路等。

（4）采用温度补偿元件，如温补电阻。

### 3. 光干扰

检测系统广泛采用半导体元器件，半导体材料在光线的作用下会激发出电子 – 空穴对，使半导体元器件产生电势或引起阻值的变化。抗光干扰主要采用光屏蔽，如将对光敏感的半导体元器件用不透光的屏蔽罩包围起来。

### 4. 湿度变化干扰

湿度增加会使元件的绝缘电阻下降，漏电流增加，高值电阻阻值下降，电介质的介电常数增加，吸潮的线圈骨架膨胀，等等。抗湿度干扰主要采用密封防潮措施，如将电气元件印制电路板浸漆、环氧树脂封灌和硅橡胶封灌等。

### 5. 化学干扰

如酸碱盐及腐蚀性气体会通过化学腐蚀作用损坏检测位置。抗化学干扰主要采用良好的密封和注意清洁。

### 6. 电磁干扰

电和磁可以通过电路和磁路对检测系统产生干扰作用，电场和磁场的变化也会在有关电路中感应出干扰电压。电磁干扰对于检测系统来说是最为普遍和影响最严重的干扰。有关抑制电磁干扰的方法下面将进一步讨论。

### 7. 射线辐射干扰

射线会使气体电离，半导体激发电子 – 空穴对和金属逸出电子等。因此，用于原子能、核装置等领域的检测系统尤其要注意射线辐射干扰。

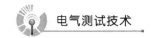

## 9.1.2　干扰信号的耦合方式

**1. 噪声**

各种干扰在检测系统的输出端往往反映为一些与检测量无关的信号，这些无用的信号称为噪声。

**2. 干扰途径**

噪声通过一定的途径侵入检测装置才会对测量结果造成影响。干扰的途径有"路"和"场"两种形式，凡噪声通过电路的形式作用于被干扰对象的，都属于"路"干扰，如通过漏电流引入的干扰；凡噪声通过电场、磁场的形式作用于被干扰对象的，都属于"场"干扰，如通过分布电容、分布电感引入的干扰。

1）"路"干扰

（1）漏电流耦合形成的干扰：是由于绝缘不良，电流经绝缘电阻的漏电流引起的干扰，如图 9 - 2 所示。

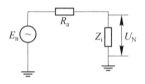

图 9 - 2　电流经绝缘电阻的漏电流引起的干扰

$$U_N = \frac{Z_i}{R_a + Z_i} \cdot E_n \tag{9-1}$$

式中，$U_N$——干扰电压；

　　　$Z_i$——干扰电路的输入阻抗；

　　　$R_a$——漏电阻；

　　　$E_n$——噪声电势。

漏电流耦合形成的干扰经常发生在下列情况：

①当用传感器测量较高的直流电压时；

②在传感器附近有较高的直流电压源时；

③在高输入阻抗的直流放大电路中。

如图 9 - 3 所示，设直流放大电路的输入阻抗 $Z_i = 10^8 \ \Omega$，$E_n = 15 \ V$，$R_a = 10^{10} \ \Omega$。

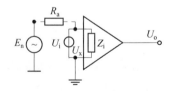

图 9 - 3　漏电流耦合形成的干扰

由 $U_N = \dfrac{Z_i}{R_a + Z_i} \cdot E_n$ 可得

$$U_N = \frac{Z_i}{R_a + Z_i} \cdot E_n = \frac{10^8}{10^{10} + 10^8} \cdot 15 = 0.149(\text{V})$$

（2）传导耦合形成的干扰。

噪声经导线耦合到电路中是最明显的干扰现象。

当导线经过有噪声的环境时，即拾取噪声，并经导线传送到电路而造成干扰，如经电源线引入的噪声，如图 9-4 所示。

（3）共阻抗耦合形成的干扰。

共阻抗耦合是由于两个电路共有的阻抗，当一个电路上有电流流过时，通过共有的阻抗便在另一个电路上产生干扰电压。如几个电路由同一个电源供电时，会通过电源内阻互相干扰，在放大器中，各级放大器通过接地线电阻互相干扰。

图 9-5 所示为共阻抗耦合等效电路，图中 $Z_C$ 为两个电路共有的阻抗，$I_n$ 为噪声电流源，$U_N$ 为被干扰电路感应的电压。

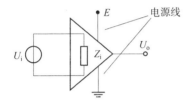

图 9-4　电源线引入的噪声

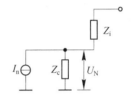

图 9-5　共阻抗耦合等效电路

$$U_N = I_n \cdot Z_C \tag{9-2}$$

可见，消除干扰的核心是消除几个电路之间的共同阻抗。

2）"场"干扰

（1）静电耦合形成的干扰。

电场耦合实质上是电容性耦合，它是由于两个电路之间存在寄生电容，可使一个电路的电荷变化影响到另一个电路。

图 9-6 所示为两根导线 1、2 之间通过电容性耦合形成的干扰，图中，$C_{12}$ 为导线 1、2 间的分布电容，$C_2$、$R_2$ 为导线 1 对地电容、电阻，$U_{N1}$ 为导线 1 噪声电压，$U_{NO}$ 为导线 2 感应出来的噪声干扰电压。当 $R_2$ 比 $(C_{12} + C_2)$ 的阻抗小得多时，可求得 $U_{NO}$。

$$U_{NO} = j\omega R_2 C_{12} U_{N1} \tag{9-3}$$

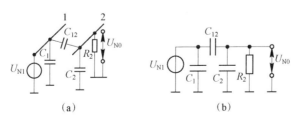

（a）　　　　　　　　（b）

图 9-6　电容性耦合示意图

由式（9-3）可以得到下面结论：

被接收的噪声干扰电压 $U_{NO}$ 与噪声源的角频率 $\omega$ 成正比。这表明：频率越高，静电耦合干扰越严重。但是，对于微弱信号（极低电平）的接收电路，即使在音频范围（20 Hz ~ 20 kHz），静电耦合干扰也不能忽视。干扰电压 $U_{NO}$ 与接收电路的输入电阻 $R_2$ 成正比。这表明：降低接收电路的输入电阻 $R_2$，可减少静电耦合干扰。对于微弱信号（极低电平）的放大器，其输入电阻应尽可能低，一般希望在数百欧姆以下。干扰电压 $U_{NO}$ 正比于噪声源与接收电路之间的分布电容 $C_{12}$。这表明：减小分布电容 $C_{12}$ 可降低静电耦合干扰。通常采用合理布线和适当防护措施减小分布电容。当有几个噪声源同时经静电耦合干扰同一接收电路，只要是线形电路，就可以使用迭加原理进行分析。

（2）电磁耦合形成的干扰。

电磁耦合又称互感耦合，它是由于两个电路之间存在互感，一个电路的电流变化，通过磁交链会影响到另一个电路。比如，在传感器内部，线圈或变压器的漏磁对邻近电路会产生严重干扰；在电子装置外部，当两根导线在较长一段区间平行架设时，也会产生电磁耦合干扰。

图 9-7 所示为电磁耦合干扰等效电路，图中 $M_{12}$ 为 1、2 两个电路之间的互感系数，$I_n$ 为电路 1 噪声电流源，$U_{NO}$ 为电路 2 通过电磁耦合感应出来的噪声干扰电压。令噪声源的角频率为 $\omega$，可求得 $U_{NO}$。

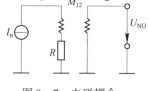

图 9-7　电磁耦合干扰等效电路

$$U_{NO} = j\omega M_{12} I_n \qquad (9-4)$$

由式（9-4）可以得到下面结论：

被接收的噪声干扰电压 $U_{NO}$ 与噪声源的角频率 $\omega$ 成正比。干扰电压 $U_{NO}$ 与噪声源的电流 $I_n$ 成正比。干扰电压 $U_{NO}$ 正比于噪声源电路与接收电路之间的互感系数 $M_{12}$。显然，对于电磁耦合干扰，降低传感器的输入阻抗，并不会减少干扰。电磁耦合干扰电压是与传感器接收电路导线相串联的，这不同于电场耦合干扰。

（3）辐射电磁场耦合形成的干扰。

辐射电磁场通常来源于大功率高频电气设备、广播发射台、电视发射台等。比如，在辐射电磁场中放置一个导体，则在导体上产生正比于电场强度 $E$ 的感应电动势。配电线，特别是架空配电线都将在辐射电磁场中感应出干扰电动势，并通过供电线路侵入传感器，造成干扰。在大功率广播发射机附近的强电磁场中，传感器的外壳或传感器内部尺寸较小的导体也能感应出较大的干扰电势，如当中波广播发射的垂直极化波的强度为 100 mV/m，长度为 10 cm 的垂直导体可以产生 5 mV 的感应电动势。

# 9.2　常用的抑制干扰技术

## 1. 形成干扰的三要素

形成干扰必须同时具备三项因素：干扰源、干扰途径以及对噪声敏感性较高的接收电路——检测装置的前级电路，如图 9-8 所示。

图9-8　形成干扰的三要素之间的联系

### 2. 抑制干扰的基本措施

（1）消除或抑制干扰源。

消除干扰源是积极主动的措施。继电器、接触器和断路器等的电触点，在通断电时的电火花是较强的干扰源，可以采取触点消弧电容等。接触不良、电路接头松动、虚焊也是造成干扰的原因，应予消除。对于某些自然现象的干扰、邻近工厂用电设备的干扰等，就必须采取保护措施来抑制干扰源。

（2）破坏干扰途径。

对于"路"形式干扰：采用提高绝缘性能的办法来抑制漏电流干扰；采用隔离变压器、光电耦合器等切断环路干扰途径；采用滤波器、扼流圈等技术，将干扰信号除去；对于数字信号采用整形、限幅等信号处理方法切断干扰；改变接地形式以消除共阻抗耦合干扰等。

对于以"场"形式的干扰，一般采用各种屏蔽措施。

（3）削弱接收电路对于干扰信号的敏感性。

电路设计、系统结构等都与干扰有关。比如：高输入阻抗比低输入阻抗易受干扰；布局松散的电子装置比结构紧凑的电子装置更易受干扰；模拟电路比数字电路的抗干扰能力差。因此，系统布局要合理，设计电路要用对干扰信号不敏感的电路。总的来说，消除干扰的措施可以用疾病预防来比喻：消灭病菌来源，阻止病菌传播和提高人体抵抗能力。

# 9.2.1　抗干扰的技术

### 1. 屏蔽技术

#### 1）静电屏蔽

原理：在静电场中，密闭的空心导体内部无电力线，即内部各点的电位相等。实际以铜或铝等导电良好的金属为材料，制作封闭地金属容器，并将金属容器与地线连接。

#### 2）电磁屏蔽

原理：利用电涡流原理，使高频干扰磁场在屏蔽金属内产生电涡流，消耗干扰磁场的能量，并利用涡流磁场抵消高频干扰磁场。实际将电磁屏蔽层接地，同时兼有静电屏蔽作用，如通常使用的铜质网状屏蔽电缆线。

#### 3）低频磁屏蔽

原理：在低频磁场中，电涡流作用不太明显，因此，采用高导磁材料作屏蔽层，使低频干扰磁力线限制在磁阻很小的屏蔽层内。在干扰严重的地方常采用复合屏蔽电缆。最外层是低磁导率、高饱和的铁磁材料，最里层是铜质电磁屏蔽层，以进一步消耗干扰磁场能量。工业中将屏蔽线穿在铁质蛇皮管或普通铁管内，达到双重屏蔽目的。

### 2. 滤波技术

滤波技术的基本用途是选择信号和抑制干扰，为实现这两大功能而设计的网络都称为滤波器。通常按功用可把滤波器分为信号选择滤波器和电磁干扰（EMI）滤波器两大类。

滤波器抑制检测系统干扰的原理框图如图9-9所示。

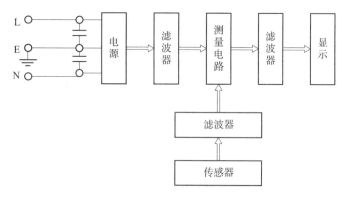

图9-9　滤波器抑制检测系统干扰的原理框图

信号选择滤波器是以有效去除不需要的信号分量，同时是对被选择信号的幅度相位影响最小的滤波器。

电磁干扰滤波器是以能够有效抑制电磁干扰为目标的滤波器。电磁干扰滤波器常常又分为信号线EMI滤波器、电源EMI滤波器、印制电路板EMI滤波器、反射EMI滤波器、隔离EMI滤波器等几类。线路板上的导线是最有效的接收和辐射天线，由于导线的存在，往往会使线路板上产生过强的电磁辐射。同时，这些导线又能接收外部的电磁干扰，使电路对干扰很敏感。在导线上使用信号滤波器是一个解决高频电磁干扰辐射和接收很有效的方法。

脉冲信号的高频成分很丰富，这些高频成分可以借助导线辐射，使线路板的辐射超标。信号滤波器的使用可使脉冲信号的高频成分大大减少，由于高频信号的辐射效率较高，这个高频成分的减少，线路板的辐射将大大改善。

电源线是电磁干扰传入和传出设备主要途径。通过电源线，电网上的干扰可以传入设备，干扰设备的正常工作。同样，设备的干扰也可以通过电源线传到电网上，对网上其他设备造成干扰。为了防止这两种情况的发生，必须在设备的电源入口处安装一个低通滤波器，这个滤波器只容许设备的工作频率（50 Hz、60 Hz、400 Hz）通过，而对较高频率的干扰有很大的损耗。由于这个滤波器专门用于设备电源线上，所以称为电源线滤波器。

电源线上的干扰电路以两种形式出现：一种是在火线零线回路中，其干扰称为差模干扰；另一种是在和火线、零线与地线和大地的回路中，称为共模干扰。通常200 Hz以下时，差模干扰成分占主要部分；1 MHz以上时，共模干扰成分占主要部分。电源滤波器对差模干扰和共模干扰都有抑制作用，但由于电路结构不同，对差模干扰和共模干扰的抑制效果不一样，所以滤波器的技术指标中有差模插入损耗和共模插入损耗之分。

使用滤波器一般要求将干扰衰减100%以上。选用滤波器应考虑以下几点：测量电路的输出阻抗和前级放大器的输入阻抗；滤波器的时间常数对检测系统性能的影响；滤波器的频率特性对检测系统性能的影响；滤波器的体积、安装及制造工艺。

## 3. 接地技术

接地技术最早是应用在强电系统（电力系统、输变电设备、电气设备）中，为了设备和人身的安全，将接地线直接接在大地上。由于大地的电容非常大，一般情况下可以将大地的电位视为零电位。

后来，接地技术延伸应用到弱电系统中。对于电力电子设备将接地线直接接在大地上或者接在一个作为参考电位的导体上，当电流通过该参考电位时，不应产生电压降，如图7-10所示。然而由于不合理的接地，反而会引入了电磁干扰，比如共地线干扰、地环路干扰等，从而导致电力电子设备工作不正常。因此，接地技术是电力电子设备电磁兼容技术的重要内容之一，有必要对接地技术进行详细探讨。

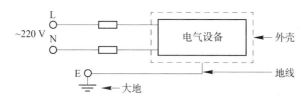

图9-10　接地技术原理图

电力电子设备一般是为以下几种目的而接地：

（1）安全接地。

安全接地即将机壳接大地，一是防止机壳上积累电荷，产生静电放电而危及设备和人身安全；二是当设备的绝缘损坏而使机壳带电时，促使电源的保护动作而切断电源，以便保护工作人员的安全。

（2）防雷接地。

当电力电子设备遇雷击时，不论是直接雷击还是感应雷击，电力电子设备都将受到极大伤害。为防止雷击而设置避雷针，以防雷击时危及设备和人身安全。

上述两种接地主要为安全考虑，均要直接接在大地上。

（3）工作接地。

工作接地是为电路正常工作而提供的一个基准电位。该基准电位可以设为电路系统中的某一点、某一段或某一块等。

当该基准电位不与大地连接时，视为相对的零电位。这种相对的零电位会随着外界电磁场的变化而变化，从而导致电路系统工作的不稳定。

当该基准电位与大地连接时，基准电位视为大地的零电位，而不会随着外界电磁场的变化而变化。但是不正确的工作接地反而会增加干扰，比如共地线干扰、地环路干扰等。

为防止各种电路在工作中产生互相干扰，使之能相互兼容地工作，根据电路的性质，将工作接地分为不同的种类，比如直流地、交流地、数字地、模拟地、信号地、功率地、电源地等。上述不同的接地应当分别设置。

①信号地。

信号地是各种物理量的传感器和信号源零电位的公共基准地线。由于信号一般都较弱，易受干扰，因此对信号地的要求较高。

②模拟地。

模拟地是模拟电路零电位的公共基准地线。由于模拟电路既承担小信号的放大，又承担大信号的功率放大；既有低频的放大，又有高频放大；因此模拟电路既易接收干扰，又可能产生干扰，所以对模拟地的接地点选择和接地线的敷设更要充分考虑。

③数字地。

数字地是数字电路零电位的公共基准地线。由于数字电路工作在脉冲状态，特别是脉冲

的前后沿较陡或频率较高时，易对模拟电路产生干扰。所以对数字地的接地点选择和接地线的敷设也要充分考虑。

④电源地。

电源地是电源零电位的公共基准地线。由于电源往往同时供电给系统中的各个单元，而各个单元要求的供电性质和参数可能有很大差别，因此既要保证电源稳定可靠地工作，又要保证其他单元稳定可靠地工作。

⑤功率地。

功率地是负载电路或功率驱动电路的零电位的公共基准地线。由于负载电路或功率驱动电路的电流较强、电压较高，所以功率地线上的干扰较大。因此功率地必须与其他弱电地分别设置，以保证整个系统稳定可靠地工作。

## 9.2.2　检测系统的电路隔离技术

电路隔离的主要目的是通过隔离元器件把噪声干扰的路径切断，从而达到抑制噪声干扰的效果。在采用了电路隔离的措施以后，绝大多数电路都能够取得良好的抑制噪声的效果，使设备符合电磁兼容性的要求。

电路隔离主要有：模拟电路的隔离、数字电路的隔离、数字电路与模拟电路之间的隔离。

数字电路的隔离主要有：脉冲变压器隔离、继电器隔离、光电耦合器隔离、光纤隔离等。

其中，数字量输入隔离方式主要采用脉冲变压器隔离、光电耦合器隔离；而数字量输出隔离方式主要采用光电耦合器隔离、继电器隔离、高频变压器隔离（个别情况下采用）。

### 1. 模拟电路的隔离

模拟电路的隔离比较复杂，主要取决于对传输通道的精度要求，对精度要求越高，其通道的成本也就越高；然而，当性能的要求上升为主要矛盾时，应当以性能为主选择隔离元器件，把成本放在第二位；反之，应当从价格的角度出发选择隔离元器件。

模拟电路的隔离主要采用变压器隔离、互感器隔离、直流电压隔离器隔离、线性隔离放大器隔离。

### 2. 模拟电路与数字电路之间的隔离

主要采用模/数转换装置；对于要求较高的电路，除采用模/数转换装置外，还应在模/数转换装置的两端分别加入模拟隔离元器件和数字隔离元器件。

一套控制装置或者一台电子电气设备，通常包含供电系统、模拟信号测量系统、模拟信号控制系统。

供电系统又可分为交流供电系统和直流供电系统，交流供电系统主要采用变压器隔离，直流供电系统主要采用直流电压隔离器隔离。

模拟信号测量系统相对来说比较复杂，既要考虑其精度、频带宽度的因素，又要考虑其价格因素；对于高电压、大电流信号，一般采用互感器（电压互感器、电流互感器）隔离法，近年来，又出现了霍尔变送器，这些元器件都是高电压、大电流信号测量常规使用的元器件；对于微电压、微电流信号，一般采用线性隔离放大器。

模拟信号控制系统与模拟信号测量系统的隔离类似，一般采用变压器、直流电压隔离器。

1）供电系统的隔离

（1）交流供电系统的隔离。

由于交流电网中存在着大量的谐波、雷击浪涌、高频干扰等噪声，所以对由交流电源供电的控制装置和电子电气设备，都应采取抑制来自交流电源干扰的措施。采用电源隔离变压器，可以有效地抑制窜入交流电源中的噪声干扰。但是，普通变压器却不能完全起到抗干扰的作用，这是因为，虽然一次绕组和二次绕组之间是绝缘的，能够阻止一次侧的噪声电压、电流直接传输到二次侧，有隔离作用。然而，由于分布电容（绕组与铁芯之间、绕组之间、层匝之间和引线之间）的存在，交流电网中的噪声会通过分布电容耦合到二次侧。为了抑制噪声，必须在绕组间加屏蔽层，这样就能有效地抑制噪声，消除干扰，提高设备的电磁兼容性。图9－11所示为无屏蔽层和有屏蔽层的隔离变压器分布电容的情况。

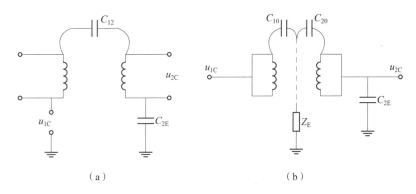

图9－11　隔离变压器分布电容的情况
（a）无屏蔽；（b）有屏蔽

随着技术的进步，国外已研制成功了专门抑制噪声的隔离变压器（Noise Cutout Transformer，NCT），这是一种绕组和变压器整体都有屏蔽层的多层屏蔽变压器。这类变压器的结构、铁芯材料、形状及其线圈位置都比较特殊，它可以切断高频噪声漏磁通和绕组的交链，从而使差模噪声不易感应到二次侧，故这种变压器既能切断共模噪声电压，又能切断差模噪声电压，是比较理想的隔离变压器。

（2）直流供电系统的隔离。

当控制装置和电子电气设备的内部子系统之间需要相互隔离时，它们各自的直流供电电源间也应该相互隔离，其隔离方式如下：第一种是在交流侧使用隔离变压器，如图9－12（a）所示；第二种是使用直流电压隔离器（即DC/DC变换器），如图9－12（b）所示。

2）模拟信号测量系统的隔离

对于具有直流分量和共模噪声干扰比较严重的场合，在模拟信号的测量中必须采取措施，使输入与输出完全隔离，彼此绝缘，消除噪声的耦合。隔离对系统有如下好处：防止模拟系统干扰，尤其是电力系统的接地干扰进入逻辑系统，导致逻辑系统的工作紊乱。

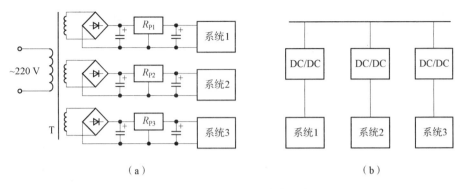

图 9 - 12　直流电源系统的隔离

（a）交流侧隔离；（b）直流隔离

在精密测量系统中，防止数字系统的脉冲波动干扰进入模拟系统，尤其是前置放大部分，因为前置放大部分的信号非常微弱，较小的骚扰波动信号就会把有用信号淹没。

（1）高电压、大电流信号的隔离。

高电压、大电流信号采用互感器隔离，其抑制噪声的原理与隔离变压器类似，这里不再赘述。互感器隔离电路如图 9 - 13 所示。

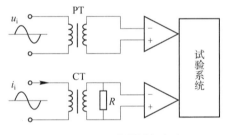

图 9 - 13　互感器隔离电路

（2）微电压、微电流信号的隔离。

微电压、微电流模拟信号的隔离系统相对来说比较复杂，既要考虑其精度、频带宽度等因素，又要考虑其价格因素。一般情况下，对于较小量的共模噪声，采用差动放大器或仪表放大器就能够取得良好的效果，但对于具有较大量的共模噪声，且测量精度要求比较高的场合，应该选择高精度线性隔离放大器，如 BB 公司的 ISO106，其主要参数如下：

交流耐压 3 ~ 5 kV/min，60 Hz；

直流耐压 4 ~ 95 kV；

冲击耐压 8 kV/10 s；

非线性误差 0.007%；

隔离噪声抑制比交流 130 dB，直流 160 dB。

ISO106 的优秀参数，使其大量地应用于精密测量系统中。线性隔离放大器的应用如图 9 - 14 所示。

3）数字电路的隔离

与模拟系统类似，一套控制装置，或者一台电子电气设备，通常所包含的数字系统有数字信号输入系统、数字信号输出系统。数字量输入系统主要采用脉冲变压器隔离、光电耦合器隔离；而数字量输出系统主要采用光电耦合器隔离、继电器隔离，个别情况也可采用高

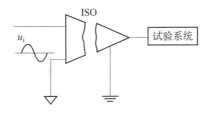

图 9 - 14　线性隔离放大器

频变压器隔离。

（1）光电耦合器隔离。

光电耦合器件是一种"电→光→电"耦合元件。它输入是电流，输出也是电流，两者之间在电气方面却是绝缘的，如图 9 - 15 所示。

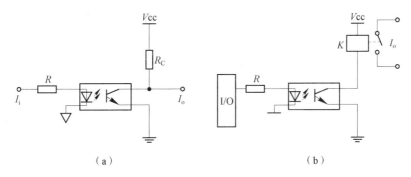

（a）　　　　　　　　　　　　　　　（b）

图 9 - 15　光电耦合电路

（a）外部输入与内部电路的隔离；（b）控制输出与外部电路的隔离

目前，大多数光电耦合器件的隔离电压都在 2.5 kV 以上，有些器件达到了 8 kV，既有高压大电流大功率光电耦合器件，又有高速高频光电耦合器件（频率高达 10 MHz）。常用的器件如 4N25，其隔离电压为 5.3 kV；6N137，其隔离电压为 3 kV，频率在 10 MHz以上。

光电耦合器件特点：

输入、输出回路绝缘电阻高（大于 1 010 Ω）、耐压超过 1 kV。

光传输是单向，所以输出回路信号不会反馈影响输入回路。

输入、输出回路完全隔离，能很好解决不同电位、不同逻辑电路之间的隔离和传输问题，如比较彻底地切断大地电位差形成地环路电流。

（2）脉冲变压器隔离。

脉冲变压器的匝数较少，而且一次绕组和二次绕组分别绕于铁氧体磁芯的两侧，这种工艺使得它的分布电容特小，仅为几 pF，所以可作为脉冲信号的隔离元件。

脉冲变压器传递输入、输出脉冲信号时，不传递直流分量，因而在微电子技术控制系统中得到了广泛的应用。一般来说，脉冲变压器的信号传递频率在 1 kHz ~ 1 MHz，新型的高频脉冲变压器的传递频率可达到 10 MHz。图 9 - 16（a）所示为脉冲变压器的示意图。脉冲变压器主要用于晶闸管（SCR）、大功率晶体管（CTR）、IGBT 等可控器件的控制隔离中。图 9 - 16（b）所示为脉冲变压器的应用实例。

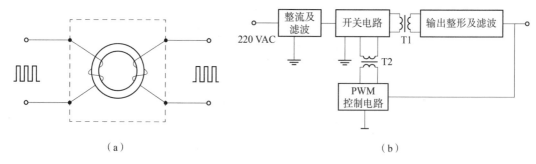

（a）

（b）

图 9 - 16　脉冲变压器的应用

（a）脉冲变压器；（b）脉冲变压器应用于开关电源中

（3）继电器隔离。

继电器是常用的数字输出隔离元件，用继电器作为隔离元件简单实用，价格低廉。

图 9 - 17 所示为继电器输出隔离的实例示意图。在该电路中，通过继电器把低压直流与高压交流隔离开来，使高压交流侧的干扰无法进入低压直流侧。

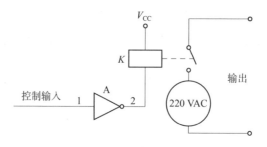

图 9 - 17　继电器隔离

4）模拟电路与数字电路之间的隔离

一般来说，模拟电路与数字电路之间的转换通过模数转换器（A/D）或数/模转换器（D/A）来实现。但是，若不采取一定的措施，数字电路中的高频振荡信号就会对模拟电路带来一定的干扰，影响测量的精度。

为了抑制数字电路对模拟电路带来的高频干扰，一般须将模拟地与数字地分开布线，如图 9 - 18 所示。

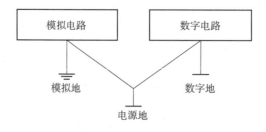

图 9 - 18　一点接地

一点接地，这种布线方式不能彻底排除来自数字电路的高频干扰，要想排除来自数字电路的高频干扰，必须把数字电路与模拟电路隔离开来，常用的隔离方法是在 A/D 转换器与数字电路之间加入光电耦合器，把数字电路与模拟电路隔离开。单端隔离的数/模转换电路，这种电路还不能从根本上解决模拟电路中的干扰问题，仍然存在着一定的缺陷，这是因为信号电路中的共模干扰和差模干扰没有得到有效的抑制，对于高精密测量的场合，还不能满足要求。

对于具有严重干扰的测量场合，把信号接收部分与模拟处理部分也进行了隔离，因为在前置处理级与模数转换器（A/D）之间加入线性隔离放大器，把信号地与模拟地隔开，同时在模/数转换器（A/D）与数字电路之间采用光电耦合器隔离，把模拟地与数字地隔开，这样一来，既防止了数字系统的高频干扰进入模拟部分，又阻断了来自前置电路部分的共模干扰和差模干扰。当然，这种系统的造价较高，一般只用于高精度的测量系统中。

## ● 习 题

**简答题**

1. 电气测量系统中主要干扰源有哪些？
2. 电磁干扰的三要素是什么？
3. 干扰信号的耦合方式有哪些？
4. 如何理解放大器输入信号的共模干扰？
5. 常用抑制干扰技术有哪些？
6. 电磁干扰滤波器的种类和作用有哪些？